计算机信息安全与网络技术应用

王靓靓　著

黑龙江科学技术出版社
HEILONGJIANG SCIENCE AND TECHNOLOGY PRESS

图书在版编目（CIP）数据

计算机信息安全与网络技术应用 / 王靓靓著 . -- 哈尔滨 : 黑龙江科学技术出版社 , 2024.2

ISBN 978-7-5719-2255-9

Ⅰ . ①计… Ⅱ . ①王… Ⅲ . ①电子计算机 – 信息安全 – 安全技术 Ⅳ . ① TP309

中国国家版本馆 CIP 数据核字（2024）第 046011 号

计算机信息安全与网络技术应用

JISUANJI XINXI ANQUAN YU WANGLUO JISHU YINGYONG

作　　者　王靓靓　著
责任编辑　陈元长
封面设计　汉唐工社
出　　版　黑龙江科学技术出版社
地址：哈尔滨市南岗区公安街 70–2 号
邮编：150007
网址：www.lkcbs.cn
发　　行　全国新华书店
印　　刷　哈尔滨双华印刷有限公司
开　　本　710mm × 1000mm　1/16
印　　张　11.75
字　　数　276 千字
版　　次　2024 年 2 月第 1 版
印　　次　2024 年 2 月第 1 次印刷
书　　号　ISBN 978-7-5719-2255-9
定　　价　78.00 元

前　言

在信息化社会中，计算机和通信网络广泛应用于各个领域，以此为基础建立的各种信息系统使人们的生活、工作发生了巨大变化。然而，在人们享受网络所带来的便利的同时，信息安全面临着严峻考验，其重要性有目共睹。以 Internet 为代表的全球性信息化浪潮日益高涨，信息网络技术的应用日益广泛，应用层次正在深入，应用领域从传统的小型业务系统逐渐向大型关键业务系统扩展。随着网络的普及，安全日益成为影响信息系统性能的重要问题，而 Internet 所具有的开放性、国际性和自由性在增加应用自由度的同时，对安全提出了更高的要求。

计算机网络，特别是以 TCP/IP 协议族为基础的互联网正在成为新经济发展的引擎，其创造的全新经济发展模式产生了巨大的经济及社会效益，同时对传统的经济模式也起到了革新甚至颠覆性的影响。这些也对计算机及网络科学与工程的教育产生了深刻的影响。随着网络技术的不断发展，相关的技术不断推陈出新，计算机教育也被其应用的专业、文化和社会范围的改变而影响，适用在更广泛的范围，内容也更加丰富。

为了降低计算机信息网络所面临的安全风险，必须采取相应的技术手段，保护网络设备和程序数据。对于计算机网络信息安全及防护技术而言，其属于计算机网络的一项辅助技术，正是因为存在着这样的网络技术，才能够保证用户在使用计算机网络时相关的网络信息不被窃取。然而，由于现今科技的不断发展，不法分子利用网络进行信息窃取，进而达到犯罪目的，所以针对计算机网络安全及防护技术的研究与升级已经刻不容缓。

本书首先对计算机信息安全进行了简要概述，介绍了信息安全的基本概念，信息安全体系结构框架，计算机网络信息安全的分析、管理与防护；然后对计算机信息安全技术的相关问题进行了梳理和分析，包括计算机病毒的概念、特征、分类及防治，以及备份技术、认证与数字签名、入侵检测技术等；之后对计算机网络技术及应用方面的相关内容进行了探讨。本书论述严谨，结构合理，条理清晰，不仅能够为计算机信息安全提供一定的理论知识，同时能为当前计算机网络技术相关应用的深入研究提供借鉴。

本书由湖北三峡职业技术学院王靓靓著。

目　　录

第一章　计算机信息安全概述

第一节　信息安全基本概念

一、计算机信息系统受到的威胁

由于计算机信息系统是以计算机和数据通信网络为基础的应用管理系统，因此它是一个开放式的互联网络系统，如果不采取安全保密措施，与网络系统连接的任何终端用户都可以访问网络中的资源。目前，计算机信息系统已经在金融、贸易、商业、企业甚至日常生活领域中得到了广泛的应用。它在给人们带来极大方便的同时，也为那些不法分子利用计算机信息系统进行经济犯罪提供了可能。全世界每年因不发分子利用计算机系统进行犯罪所造成的经济损失高达上千亿美元。在我国，利用计算机管理和决策信息系统从事经济活动起步较晚，但各种计算机犯罪活动已时有报道，并直接影响了计算机信息系统的普及。

归纳起来，计算机信息系统所面临的威胁分为以下几类。

（一）自然灾害

自然灾害主要指火灾、水灾、风暴、地震等的破坏，以及环境（温度、湿度、振动、冲击、污染）的影响。目前，部分计算机房并没有防震、防火、防水、避雷、防电磁泄漏或干扰等措施，接地系统也疏于考虑，抵御自然灾害和意外事故的能力较差，在日常工作中因断电而设备损坏、数据丢失的现象时有发生。

（二）人为或偶然事故

认为或偶然事故可能是工作人员的失误操作使得系统出错，信息遭到严重破坏或被别人偷窥到机密信息，或者环境因素的忽然变化造成信息丢失或破坏。

（三）计算机犯罪

计算机犯罪是利用暴力或非暴力形式，故意泄漏或破坏系统中的机密信息，以及危害系统实体和信息安全的不法行为。

对计算机信息系统来说，以下三个方面常常被人为的犯罪活动攻击。

1. 通信过程中的威胁

计算机信息系统的用户在进行信息通信的过程中，常常受到两方面的攻击：一是主动攻击，攻击者通过网络线路将虚假信息或计算机病毒输入信息系统内部，破坏信息的真实性与完整性，造成系统无法正常运行，严重的甚至使系统处于瘫痪状态；二是被动攻击，攻击者非法窃取通信线路中的信息，使信息的机密性遭到破坏，信息泄漏而未被察觉，给用户带来巨大的损失。

2. 存储过程中的威胁

存储于计算机系统中的信息容易受到与通信线路同样的威胁。非法用户在获取系统访问控制权后，浏览存储介质上的机密数据或专利软件，并且对有价值的信息进行统计分析，推断出所需的数据，这样就使信息的保密性、真实性、完整性遭到破坏。

3. 加工处理中的威胁

计算机信息系统一般都具有对信息进行加工分析处理的功能。而信息在进行处理的过程中，通常都是以原码形式出现的，加密保护对处理中的信息不起作用。因此，在此期间有意攻击和意外操作都极易使系统遭受破坏，造成损失。

（四）计算机病毒

计算机病毒是指编制或者在计算机程序中插入的破坏计算机功能或者毁坏数据，影响计算机使用，并能自我复制的一组计算机指令或者程序代码。

“计算机病毒”这个称呼十分形象，它像一个灰色的幽灵无处不在、无时不在。它将自己附在其他程序上，在这些程序运行时进入系统中扩散。一台计算机感染病毒后：轻则系统工作效率下降，部分文件丢失；重则系统死机或毁坏，全部数据丢失。

（五）信息战的严重威胁

信息战就是为了国家的军事战略而采取行动，取得信息优势，干扰敌方的信息和信息系统，同时保卫本方的信息和信息系统。这种对抗形式的目的不是集中打击敌方的人员或战斗技术装备，而是集中打击敌方的计算机信息系统，使其神经中枢似的指挥系统瘫痪。

信息技术从根本上改变了进行战争的方法，信息武器已经成为继原子武器、生物武器、化学武器之后的第四类战略武器。

二、计算机信息系统受到的攻击

（一）威胁和攻击的对象

按威胁和攻击的对象来划分，计算机信息系统受到的攻击可分为两类：一类是对计算机信息系统实体的威胁和攻击；另一类是对信息的威胁和攻击。计算机犯罪和计算机病毒则包括了对计算机系统实体和信息两个方面的威胁和攻击。

1. 对实体的威胁和攻击

对实体的威胁和攻击主要指对计算机及其外部设备和网络的威胁及攻击，如各种自然灾害与人为的破坏、设备故障、场地和环境因素的影响、电磁场的干扰或电磁泄漏、战争的破坏、各种媒体的被盗和散失等。

信息系统实体受到威胁和攻击，不仅会造成国家财产的重大损失，而且会使信息系统中的机密信息严重泄露和破坏。因此，对信息系统实体的保护是防止对信息的威胁和攻击的首要一步，也是防止对信息的威胁和攻击的天然屏蔽。

2. 对信息的威胁和攻击

对信息的威胁和攻击的后果主要有两种：一种是信息泄露，另一种是信息破坏。所谓信息泄露，就是目标系统中的信息，特别是敏感信息被人偶然或故意地获得（侦收、窃取或分析破译），造成泄漏事件。信息破坏是指偶然事故或人为破坏使得系统中的信息被修改、删除、添加、伪造成非法复制，造成大量信息的破坏、失真或泄密，使信息的正确性、完整性和可用性受到破坏。

（二）被动攻击和主动攻击

按攻击的方式来划分，计算机信息系统受到的攻击可分为被动攻击和主动攻击两类。

1. 被动攻击

被动攻击是指一切窃密的攻击。它是在不干扰系统正常工作的情况下，截获、窃取系统信息，以便破译分析；利用观察信息、控制信息的内容来获得目标系统的设置、身份；通过研究机密信息助长度和传递的频度获得信息的性质。被动攻击不容易被用户察觉，因此其攻击持续性和危害性都很大。

2. 主动攻击

主动攻击是指篡改信息的攻击。它不仅是窃密，而且威胁到信息的完整性和可靠性。它以各种各样的方式，有选择地修改、删除、添加、伪造和复制信息内容，造成信息破坏。

（三）对信息系统攻击的主要手段

信息系统在运行过程中往往受到上述各种威胁和攻击，非法者对信息系统的破坏主要采取如下手段。

1. 冒充

冒充是最常见的破坏方式。信息系统的非法用户伪装成合法的用户，对系统进行非法的访问，冒充授权者发送和接收信息，造成信息的泄露与丢失。

2. 篡改

网络中的所有信息在没有监控的情况下都可能被篡改，即对信息的标签、内容、属性、接收者和始发者进行修改，以取代原信息，造成信息失真。

3. 窃取

信息窃取可以有多种途径：在通信线路中，通过电磁辐射侦察线路中的信息；在信息存储和信息处理过程中，通过冒充、非法访问，达到窃取信息的目的；等等。

4. 重放

将窃取的信息重新修改或排序后，在适当的时机重放出来，从而造成信息的重复和混乱。

5. 推断

推断也是在窃取基础之上进行的一种破坏活动，它的目的不是窃取原信息，而是将窃取到的信息进行统计分析，了解信息流大小的变化、信息交换的频繁程度，再结合其他方面的信息，推断出有价值的内容。

6. 病毒

几千种计算机病毒直接威胁着计算机的系统和数据文件，破坏信息系统的正常运行。

总之，对信息系统的攻击手段多种多样，我们必须学会识别这些破坏手段，以便采取技术策略和法律制约两方面的努力，确保信息系统的安全。

三、计算机信息系统的脆弱性

计算机信息系统本身存在着脆弱性，抵御攻击的能力很弱，自身的一些缺陷容易被非授权用户不断利用。这种非法访问使系统中存储的信息的完整性受到威胁，使信息被修改或破坏而不能继续使用。而且，系统中有价值的信息被非法篡改、伪造、窃取或删除而不留任何痕迹时，若计算机信息系统继续运行，还会得出截然相反的结果，造成不可估量的损失。另外，计算机还容易受到各种自然灾害和各种误操作的破坏。

从计算机信息系统自身的结构方面分析，也有一些问题是目前在短时间内无法解决的。

（一）计算机操作系统的脆弱性

操作系统是计算机重要的系统软件，它控制和管理着计算机系统所有的硬件、软件资源，是计算机系统的指挥中枢。计算机操作系统不安全是信息系统不安全的重要原因。由于操作系统的地位非常重要，攻击者常常将其作为主要攻击目标。

（二）计算机网络系统的脆弱性

计算机网络就是将分散在不同地理位置的计算机系统通过某种介质连接起来，实现信息和资源的共享。但是，无论是互联网本身还是 TCP/IP 协议，在形成初期都没有考虑到安全问题，因而造成了网络系统安全的“先天不足”。

（三）数据库管理系统的脆弱性

数据库是相关信息的集合。计算机系统中的信息通常以数据库的形式组织存放，攻击者通过非法访问数据库，达到篡改和破坏信息的目的。数据库管理系统安全必须与操作系统的安全进行配套，如 DBMS 的安全级别为 B2 级，那么操作系统的安全级别必须同样是 B2 级的。数据库的安全管理建立在分级管理概念上所以 DBMS 的安全也是脆弱的。

四、计算机信息安全的定义

人们对信息安全的认识是一个由浅入深、由此及彼、由表及里的深化过程。

20世纪60年代的通信保密时代，人们认为信息安全就是通信保密，采用的保障措施就是加密和基于计算机规则的访问控制。到了20世纪80年代，人们的认识加深了，大家逐步意识到数字化信息除了有保密性的需要，还有信息的完整性、信息和信息系统的可用性需求，因此明确提出了信息安全就是要保证信息的保密性、完整性和可用性，这就进入了信息安全时代。其后，由于社会管理及电子商务、电子政务等网上应用的开展，人们又逐步认识到还要关注可控性和不可否认性（真实性）。

信息安全的概念是与时俱进的，过去是通信保密或信息安全，而今天以至于今后是信息保障。

信息安全主要涉及信息存储的安全、信息传输的安全，以及对网络传输信息内容的审计三方面，它研究计算机系统和通信网络内信息的保护方法。

从广义来说，凡是涉及信息的完整性、保密性、真实性、可用性和可控性的相关技术和理论都是信息安全所要研究的领域。下面给出信息安全的一般定义：计算机信息安全是指计算机信息系统的硬件、软件、网络及其中的数据受到保护，不因偶然的或者恶意的原因而遭到破坏、更改、泄露，系统可靠、正常地运行，信息不中断。

五、计算机信息安全的特征

计算机信息安全具有以下五方面的特征。

（一）保密性

保密性是信息不被泄露给非授权的用户、实体或过程，或供其利用的特性，即防止信息泄漏给非授权个人或实体，信息只被授权用户使用的特性。

（二）完整性

完整性是信息未经授权不能进行改变的特性，即信息在存储或传输过程中保持不被偶然或蓄意地删除、修改、伪造、乱序、重放、插入等导致破坏和丢失的特性。完整性是一种面向信息的安全性，它要求保持信息的原样，即信息的正确生成、正确存储和传输。

完整性与保密性不同，保密性要求信息不被泄露给未授权的人，而完整性则要求信息不致受到各种原因的破坏。影响网络信息完整性的主要因素有设备故障、误码、人为攻击及计算机病毒等。

（三）真实性

真实性也称作“不可否认性”。在信息系统的信息交互过程中，确信参与者的真实同一性，即所有参与者都不可能否认或抵赖曾经完成的操作和承诺。利用信息源证据可以防止发信方不真实地否认已发送信息，利用递交接收证据可以防止收信方事后否认已经接收到信息。

（四）可用性

可用性是信息可被授权实体访问并按需要使用的特性，即信息服务在需要时允许授权用户或实体使用的特性，或者是信息系统（包括网络）部分受损或需要降级使用时仍能为授权用户提供有效服务的特性。

（五）可控性

可控性是对信息的传播及内容具有控制能力的特性，即授权机构可以随时控制信息的机密性。

概括地说，计算机信息安全核心是通过计算机、网络、密码技术和安全技术，保护在信息系统及公用网络中传输、交换和存储的信息的保密性、完整性、真实性、可用性和可控性等。

六、计算机信息安全的含义

计算机信息安全的具体含义和侧重点会随着观察者角度的变化而变化。

从用户（个人用户或者企业用户）的角度来说，他们最为关心的问题是如何保证他们的涉及个人隐私或商业利益的数据在传输、交换和存储过程中受到保密性、完整性和真实性的保护，避免其他人（特别是其竞争对手）利用窃听、冒充、篡改和抵赖等手段对其利益和隐私造成损害和侵犯，同时用户也希望保存在某个网络信息系统中的数据不会遭到其他非授权用户的访问和破坏。

从网络运行和管理者的角度来说，他们最为关心的问题是如何保护和控制其他人对本地网络信息的访问和读写等操作。比如，避免出现病毒、非法存取、拒绝服务和网络资源非法占用与非法控制等现象，制止和防御网络黑客的攻击。

对安全保密部门和国家行政部门来说，它们最为关心的问题是如何对非法的、有害的或涉及国家机密的信息进行有效过滤和防堵，避免非法泄露。秘密、敏感的信息被泄密后将会破坏社会的安定，给国家造成巨大的经济损失和政治损失。

从社会教育和意识形态角度来说，人们最为关心的问题是如何杜绝和控制网络上不健康的内容。有害的黄色内容会对社会的稳定和人类的发展造成不良影响。

在计算机信息系统中，计算机及其相关的设备、设施（含网络）统称为计算机信息系统的“实体”。实体安全是指为了保证计算机信息系统安全可靠运行，确保计算机信息系统在对信息进行采集、处理、传输、存储过程中不致受到人为（包括未授权使用计算机资源的人）或自然因素的危害而导致信息丢失、泄漏或破坏，而对计算机设备、设施（包括机房建筑、供电设施、空调等）、环境人员等采取适当的安全措施。

第二节　信息安全体系结构框架

如今，世界步入了信息化时代，网络信息系统在各个领域中得到了普遍应用，人们在生活生产中充分认识到了计算机网络信息的重要性，很多企业组织加强了对信息的依赖。在计算机网络信息类型增多和人们使用需求提升的背景下，计算机网络信息系统安全管理成为有关人员关注的重点。为了避免计算机用户信息泄露、信息资源的应用浪费、计算机信息系统软硬件故障对信息准确性的不利影响，有关人员需要构建有效的计算机网络信息安全结构体系，保证计算机网络信息系统运行的安全。

一、计算机网络信息系统安全概述

（一）信息安全产业

在社会主义市场经济的条件下，按照市场规律发展信息安全产业，是国家整体信息安全体系建设的一个重要方面。从市场经济的角度认识信息安全产业是一个重要的课题，这对相关领域的主管部门、产业部门、从业企业都有重要的意义。

信息成为一项重要的资产，是包括信息安全产业在内的整个信息产业发展的根本原因。市场经济是以资产运营为手段、以资产增值为目的的经济形态，资产结构及资产运营管理构成了市场经济的两个基本方面。在市场经济环境下，当一种新的资产要素出现时，就会形成围绕这一资产要素的产业链条。市场经济发展到今天，信息作为资产要素的特征日益显露。以信息资产为核心要素，以信息资产运营为核心过程的信息经济带来了市场经济的一个全新发展阶段。

安全是信息资产区别于其他资产要素的关键属性，信息的高无形价值、强时效性、低传播成本等因素决定了这一点。没有安全保障的信息资产谈不上资产价值，没有安全管理的信息资产运营不能实现信息资产的保值和增值。信息资产的价值与其安全状况直接相关。

安全管理是信息资产运营的关键，是信息安全产业响应的主要需求。确保资产及其运营的安全，是资产管理的普遍要求，对信息资产而言这一点尤为重要。信息安全产业必须解决信息资产运营中的安全管理问题。

为信息资产的安全运营提供保障是信息安全产业的核心价值所在。信息安全产业是由信息资产安全运营需求所决定的产业链条，是信息产业最具投资价值的一个方向，是整个信息产业的一个制高点。

访问控制是信息安全产业的关键技术。人和信息之间的交互管理是信息安全管理的核心，因而实现这种安全机制的访问控制技术成为关键。

（二）计算机网络信息系统安全内涵和发展目标

计算机网络信息系统安全是指计算机信息系统结构安全和有关元素的安全，以及计算机信息系统有关安全技术、安全服务与安全管理的总和。计算机网络信息系统安全从系统应用和控制角度上看，主要是指信息的存储、处理、传输过程中体现其机密性、完整性、可用性的系统辨识、控制、策略及过程。

计算机网络信息系统安全管理的目标是实现信息在安全环境中的运行。实现这一目标需要可靠操作技术的支持、相关的操作规范、计算机网络系统、计算机数据系统等。

（三）计算机网络信息系统安全体系结构概述

信息安全涉及的技术面非常广，在规划、设计、评估等一系列重要环节中都需要一个安全体系框架来提供指导。信息系统安全体系结构框架是国家“等级保护制度”技术体系的重要组成部分。在计算机网络技术的不断发展下，基于经典模型的计算机网络信息安全体系结构不再适用。因此为了研究解决多个平台计算机网络安全服务和安全机制问题相关人员，提出了开放性的计算机网络信息安全全体系结构标准，确定了计算机三维框架网络安全体系结构。

计算机三维框架网络安全体系结构是一个通用的框架，反映了信息系统安全需求和体系结构的共性，是从总体上把握信息系统安全技术体系的一个重要认识工具，具有普遍的适用性。信息系统安全体系结构框架的构成要素是安全特性、系统单元及开放系统互联参考模型结构层次。安全特性描述了信息系统的安全服务和安全机制，包括身份鉴定、访问控制、数据保密、数据完整、防止否认、审计管理、可用性和可靠性。采取不同的安全策略或处于不同安全等级的信息系统可有不同的安全特性要求。系统单元描述了信息系统的各组成部分，还包括使用和管理信息系统的物理和行政环境。

系统单元可分为四个部分：①信息处理单元，包括端系统和中继系统；②通信网络，包括本地通信网络和远程通信网络；③安全管理，即信息系统管理中与安全有关的活动；④物理环境，即与物理环境和人员有关的安全问题。

信息处理单元主要考虑计算机系统的安全：通过物理和行政管理的安全机制提供安全的本地用户环境，保护硬件的安全；通过防干扰、防辐射、容错、检错等手段保护软件的安全；通过用户身份鉴别、访问控制、完整性等机制，保护信息的安全。信息处理单元必须支持满足安全特性要求的安全配置，支持具有不同安全策略的多个安全域。安全域是用户、信息客体及安全策略的集合。信息处理单元支持安全域的严格分离、资源管理及安全域间信息的受控共享和传送。

通信网络安全为传输中的信息提供保护。通信网络系统安全涉及安全通信协议、密码机制、安全管理应用进程、安全管理信息库、分布式管理系统等内容。通信网络安全确保开放系统通信环境下的通信业务流安全。

安全管理包括安全域的设置和管理、安全管理的信息库、安全管理信息通信、安全管理应用程序协议、端系统安全管理、安全服务管理与安全机制管理等。

物理环境与行政管理安全涉及人员管理、物理环境管理和行政管理，还涉及环境安全服务配置及系统管理员职责等。

开放系统互联参考模型结构层次：各信息系统单元需要在开放系统互联参考模型的七个不同层次上采取不同的安全服务和安全机制，以满足不同的安全需求。安全网络协议使对等的协议层之间建立被保护的物理路径或逻辑路径，每一层次通过接口向上一层提供安全服务。

二、计算机网络信息安全体系结构特点

（一）保密性和完整性特点

计算机网络信息的重要特征是保密性和完整性，能够保证计算机网络信息应用的安全。保密性主要是指保证在计算机网络系统应用的过程中机密信息不泄露给非法用户。完整性是指在计算机信息网络运营的过程中信息不能被随意篡改。

（二）真实性和可靠性特点

真实性主要是指计算机网络信息用户身份的真实，从而避免计算机网络信息应用中冒名顶替制造虚假信息现象的出现。可靠性是指计算机信息网络系统在规定的时间内完成指定任务。

（三）可控性和占有性特点

可控性是指计算机网络信息系统对网络信息传播和运行的控制能力，能够杜绝不良信息对计算机网络信息系统的影响。占有性是指经过授权的用户拥有享受网络信息服务的权利。

三、计算机网络信息安全体系存在的风险

（一）物理安全风险

计算机网络信息物理安全风险包含物理层中可能导致计算机网络系统平台内部数据受损的因素，具体包括自然灾害带来的意外事故造成的计算机系统破坏、电源故障导致的计算机设备损坏和数据丢失、设备失窃带来的计算机数据丢失、电磁辐射带来的计算机信息数据丢失等。

（二）网络系统安全风险

计算机信息网络系统安全风险包含计算机数据链路层和计算机网络层中能够导致计算机系统平台或者内部数据信息丢失、损坏的因素，具体包括网络信息传输的安全风险、网络边界的安全风险、网络出现的病毒安全风险、黑客攻击安全风险。

（三）系统应用安全风险

计算机信息网络系统的应用安全风险包含系统应用层中能够导致系统平台和内部数据损坏的因素，具体包括用户的非法访问、数据存储安全问题、信息输出

问题、系统安全预警机制不完善、审计跟踪问题。

四、计算机网络信息安全体系结构构建分析

（一）计算机网络信息安全体系结构

计算机网络信息安全体系结构是一个动态化的概念，具体结构不仅体现在保证计算机信息的完整、安全、真实、保密等方面，而且需要有关操作人员在应用的过程中积极转变思维，根据不同的安全保护因素加快构建一个更科学、有效、严谨的综合性计算机网络信息安全保护屏障。具体的计算机网络信息安全体系结构模式需要包括以下几个环节。

1. 预警

预警机制在计算机网络信息安全体系结构中具有重要的意义，也是实施网络信息安全体系的重要依据，在对整个计算机网络环境、网络安全进行分析和判断之后为计算机信息系统安全保护体系提供更为精确的预测和评估。

2. 保护

保护是提升计算机网络安全性能，减少恶意入侵计算机系统行为的重要防御手段，主要是指通过建立一种机制来对计算机网络系统的安全设置进行检查，及时发现系统自身的漏洞并予以及时弥补。

3. 检测

检测是及时发现入侵计算机信息系统行为的重要手段，主要是指通过对计算机网络信息安全系统实施隐蔽技术避免入侵者发现计算机系统防护措施并进行破坏的一种主动性反击行为。检测能够为计算机信息安全系统的响应提供有效的时间，在操作应用的过程中减少不必要的损失。检测能够和计算机系统的防火墙进行联动，从而形成一个整体性的策略，设立相应的计算机信息系统安全监控中心，及时掌握计算机信息系统的安全运行情况。

4. 响应

如果计算机网络信息安全体系结构出现入侵行为，需要有关人员对计算机网络进行冻结处理，切断黑客的入侵途径，并采取相应的防入侵措施。

5. 恢复

三维框架网络安全体系结构中的恢复是指在计算机系统遇到黑客攻击和入侵

威胁之后，对被攻击和损坏的数据进行恢复的过程。恢复的实现需要对计算机网络文件和数据信息资源进行备份处理。

6. 反击

三维框架网络安全体系结构中的反击是技术性能高的一种模块，主要反击行为是标记跟踪，即先对黑客进行标记，然后应用侦查系统分析黑客的入侵方式，寻找黑客的地址。

（二）基于三维框架网络安全体系结构的计算机安全系统平台

1. 硬件密码处理安全平台

硬件密码处理安全平台面向整个计算机业务网络，具有标准规范的 API 接口，通过该接口能够让整个计算机系统网络所需的身份认证、信息资料保密、信息资料完整、密钥管理等具有相应的规范标准。

2. 网络安全平台

网络安全平台需要解决计算机网络信息系统互联、拨号网络用户身份认证、数据传输、信息传输通道的安全保密、网络入侵检测、系统预警系统等问题。在各个业务进行互联的时候需要应用硬件防火墙实现隔阂处理。在计算机网络层需要应用 SVPN 技术建立系统安全虚拟加密隧道，从而保证计算机系统重要信息传输的安全可靠。

3. 应用安全平台

应用安全平台的构建需要从两个方面实现：第一，应用计算机网络自身的安全机制进行应用安全平台的构建；第二，应用通用的安全应用平台实现对计算机网络上各种应用系统信息的安全防护。

4. 安全管理平台

安全管理平台能够根据计算机网络自身的应用情况采用单独的安全管理中心和多个安全管理中心模式。该平台的主要功能是实现对计算机系统密钥的管理，完善计算机系统安全设备的管理配置，加强对计算机系统运行状态的监督控制，等等。

5. 安全测评认证中心

安全测评认证中心是大型计算机信息网络系统必须建立的。安全测评认证中心的主要功能是通过建立完善的网络风险评估分析系统，及时发现计算机网络中可能存在的系统安全漏洞，针对漏洞指定计算机系统安全管理方案、安全策略。

（三）实施安全信息系统

正确把握安全信息系统的实施思路是信息安全系统建设单位十分关心的一个问题。

1. 确定安全需求与安全策略

根据用户单位的性质、目标、任务及存在的安全威胁确定安全需求。安全策略是针对安全需求而制定的计算机信息系统保护策略。该阶段根据不同安全保护级的要求提出了一些原则的、通用的安全策略，各用户单位要制定适合自身情况的完整安全需求和安全策略。下面列举一些重要的安全需求。

（1）支持多种信息安全策略。计算机信息系统能够区分各种信息类型和用户活动，使之服从不同的安全策略。当用户共享信息及在不同安全策略下操作时，要确保不违反安全策略。计算机信息系统必须支持各种安全策略规定的敏感和非敏感的信息处理。

（2）使用开放系统。开放系统是当今发展的主流。在开放系统环境下，必须为支持多种安全等级保护策略的分布信息系统提供安全保障，保护多个主机间分布信息处理和分布信息系统管理的安全。

（3）支持不同安全保护级别。支持不同安全属性的用户使用不同安全保护级别的资源。

（4）使用公共通信系统实现连通性功能是节约通信资源的有效方法，但是必须确保公共通信系统的可用性安全服务。

2. 确定安全服务与安全机制

根据规定的安全策略与安全需求确定安全服务和安全保护机制。不同安全等级的信息系统需要不同的安全服务和安全机制。例如，某个信息处理系统主要的安全服务确定为身份鉴别、访问控制、数据保密、数据完整等。

为提供上述安全服务，要确立以下基本安全保护机制：可信功能、安全标记、事件检测、安全审计跟踪和安全恢复等。此外，还要体现以下特定安全保护机制：加密机制、数字签名机制、访问控制机制、数据完整性机制、鉴别机制、通信网络业务填充机制、路由控制机制。

3. 建立安全体系结构框架

确定了安全服务和安全机制后，根据信息系统的组成和开放系统互联参考模型建立具体的安全体系结构模型。信息系统安全体系结构框架的确定主要反映在不同功能的安全子系统中。

4. 遵循信息技术和信息安全标准

在安全体系结构框架下要遵循有关的信息技术和信息安全标准，并折中考虑安全强度和安全代价，选择相应安全保护等级的技术产品，最终实现安全等级信息系统。人们对信息安全问题的认识处在不断的发展过程之中，笔者希望对上述三个问题的认识能对同行有所帮助。

（四）计算机网络信息安全体系的实现分析

1. 计算机网络信息安全体系结构在遭受攻击时的防护措施

如果计算机网络信息受到了病毒攻击或者非法入侵，计算机网络信息安全体系结构能够及时阻止病毒或者非法入侵进入电脑系统。三维框架网络安全体系结构在对计算机网络信息系统进行综合分析的过程中，能够对攻击行为进行全面的分析，及时感知计算机系统存在的安全隐患。

2. 计算机网络信息安全体系结构在遭受攻击之前的防护措施

在计算机网络信息支持下，各种文件的使用也存在差异，使用频率越高的文件就越容易受到黑客的攻击。为此，需要在文件被攻击之前做好计算机网络信息安全防护工作，一般对使用频率较高的文件的保护方式是设置防火墙和网络访问权限。同时，还可以应用三维框架网络安全体系结构来分析计算机系统应用潜在的威胁因素。

3. 加强对计算机信息网络的安全管理

对计算机信息网络的安全管理是计算机系统数据安全的重要保障，具体需做到以下两点：①扩大计算机信息网络安全管理范围。针对黑客在计算机数据使用之前对数据进行攻击的情况，有关人员可以在事先做好相应的预防工作，通过对计算机系统的预防管理保证计算机信息技术得到充分应用。②加强计算机信息网络安全管理力度。具体表现为根据计算机系统情况，全面掌握计算机用户信息情况，在判断用户身份的情况下做好加密工作，保证用户数据信息安全。

4. 实现对入侵检测和计算机数据的加密

入侵检测技术是在防火墙技术的基础上发展起来的一种补充性技术，是一种主动防御技术。计算机信息系统入侵检测技术工作包含对用户活动进行分析和监听、对计算机系统自身弱点进行审计、对计算机系统中的异常行为进行辨别分析、对入侵模式进行分析等。入侵检测工作需要按照网络安全要求进行。因为入侵检测是从外部环境入手的，很容易受到外来信息的破坏，所以需要有关人员加强对计算机数据的加密处理。

综上所述，在现代科技的发展下，人们对计算机网络信息安全体系结构提出了更高的要求，需要应用最新技术完善计算机网络信息安全体系结构，从而有效防止非法用户对计算机信息安全系统的入侵，避免计算机网络信息的泄漏，实现对网络用户个人利益的维护，从而保证计算机网络信息安全系统的有效应用。

第三节　计算机网络信息安全的分析、管理与防护

一、计算机网络信息安全分析与管理

（一）当前我国计算机网络信息安全现状

1. 计算机网络信息安全防护技术

计算机网络是指多台计算机通过通信线路连接，在网络操作系统、网络管理软件及网络通信管理的协调下实现资源共享、数据传输和信息传递。在共享、传输、传递的过程中，由于所传输的数据和信息量巨大，所以无论是数据传输、信息运行、安全意识等哪一项计算机网络信息安全的决定因素产生问题，都会造成计算机网络信息安全漏洞，威胁信息安全。

当前存在的主要计算机网络信息安全问题有以下几种。首先是黑客威胁。黑客指精通计算机网络技术的人，他们擅长利用计算机病毒和系统漏洞侵入他人网站非法获得他人信息，甚至进行非法监听、线上追踪、侵入系统、破解机密文件造成商业泄密等对社会财产产生威胁的违法行为。其次是病毒，相对而言病毒更为简单常见。病毒是破坏计算机功能或者毁坏数据影响计算机正常使用的程序代码，它具有传染速度快、破坏性强、可触发性高的特点，能通过特定指令侵入他

人文件，直接造成文件丢失或泄露，也可用于盗取用户重要的个人信息，如身份证号码、银行账号及密码等。再次是计算机本身的安全漏洞。操作系统不安全、软件存在固有漏洞、计算机管理人员操作不当等为网络安全埋下了隐患。最后，从物理层面来讲，计算机所处的环境条件对其硬件保护具有很大的影响，潮湿和尘土容易使计算机出现系统故障、设备故障、电源故障等，此类问题出现频率低，但不易解决。

相较于频繁出现的计算机网络信息安全问题，当前的计算机信息安全防护技术单一、落后，仍然只靠防火墙等低端技术来解决问题。新的病毒和木马程序不断更新换代，层出不穷，只有提高计算机信息安全防护技术水平才能规避信息安全隐患。

2. 计算机网络信息安全管理制度

制定计算机网络信息安全管理制度的目的是加强日常计算机网络和软件管理，保障网络系统安全，保证软件设计和计算机的安全，保障系统数据库安全运营。常见计算机网络信息安全管理制度包括日常网络维修，系统管理员定时检查维修漏洞，及时发现问题、提出解决方案并记录在《网络安全运行日志》中。然而，当前使用计算机的企业和事业单位众多，却鲜有企单位制定相应的计算机网络安全管理制度，也没有相应部门专门负责计算机系统网络的定时检查，进行数据备份，采取服务器防毒和加密措施，更加没有聘用专业技术人员修复计算机本身的系统漏洞，加之平时不注意对计算机的物理保护，软硬件设施都有巨大的安全隐患。

长期以来，相关机构没有完整、完善的管理制度和措施，造成了管理人员的懈怠，滋生了计算机工作者的懒惰心理，部分人员甚至做出泄密的违法行为。参照国外成熟的计算机网络信息安全管理模式不难发现，一个良好的计算机网络信息安全管理机制所起到的作用不仅仅是保障了信息安全，并且提高了日常办公效率，对更好地发展计算机技术有促进作用。解决计算机网络信息安全迫在眉睫，从管理制度缺失上面入手，实质上是从源头避免计算机网络信息安全问题的产生，具有很深刻的实践意义。

3. 计算机网络信息安全意识

对计算机网络信息安全来说，技术保障是基础，管理保障是关键环节。尽管前两者在计算机网络信息安全保护的过程中起到了巨大的作用。但是仅仅依赖与计算机网络信息技术保障我们会发现计算机病毒不断更新换代，侵入程序技术越来越高级，仅仅依赖计算机网络信息管理制度，取得成效所需时间长，浪费人力物力多，程序繁杂，这与提高计算机网络管理效率的初衷相悖。为防止计算机网络信息安全威胁的社会危害性，我国已经制定相关法律通过加强计算机使用者的安全意识和法律强制手段打击计算机网络犯罪。网络信息安全意识的培养和法律法规的强制规定，能够提高计算机使用者的网络安全防范意识，使其主动使用加密设置和杀毒程序。法律法规能够打击网络违法犯罪，使其无法逃脱。

必须意识到，法律保障计算机网络信息安全的措施才刚刚起步，大部分人的计算机安全防范意识并不成熟。在我国大中小城市中，区域发展不平衡，计算机网络安全防范意识对比明显，信息安全防护技术不成熟，计算机网络信息安全问题依然严峻。

（二）当前计算机网络系统安全管理和维护中存在的主要问题

1. 缺乏有效的监管，网络环境鱼龙混杂

计算机网络系统的应用普及度非常高，受众范围较广，因此更需要一个安全有效的网络系统环境。相关部门对于计算机网络系统的安全管理和维护是确保广大网民安全有序上网的保障。但是，目前相关部门对于网络系统安全环境的监管不到位，对于网络环境和相关的网络软件开发商、运营商等缺乏有效的监管措施和规范，导致网络环境鱼龙混杂，很多地方都可能存在潜在风险，构成对网络安全的威胁。这些威胁导致网络系统安全环境可能随时遭到破坏，需要引起重视。

2. 缺乏完善的管理制度，管理界限模糊

对于网络系统的安全管理，目前很多地区尚未建立起有效的管理制度，没有制度的管理无从谈起。正因为缺乏相应的网络安全管理和维护制度，部分地区网络应用环境的安全管理责任不清楚，存在很多模糊的边界，这些都导致网络安全管理和维护陷入困境。一旦网络系统出现安全问题，相关部门可能相互推卸责任，不利于网络安全的有效管理和维护。

3. 安全意识淡薄，宣传工作不足

针对计算机网络安全管理和维护，需要全民共同参与。但当前部分人员网络安全管理意识比较单薄，缺乏基本的安全管理理念。这从另一方面反映出相关部

门对于网络安全管理的宣传工作没有落实到位，对于一些基本的网络安全知识没有做到普及，提升了网络安全威胁系数。

4. 安全管理措施不全面，风险排查不及时

很多网络系统的安全风险只要经过有效的风险管理和定期的排查，是完全可以避免的。但是，目前很多企业和机构对于网络安全的管理意识并不强，缺乏有效的安全管理措施，对于相关的安全风险不能做到定期排查，这也导致在网络应用过程中风险系数增加，不利于企业安全用网，易造成信息泄露、数据被盗窃或篡改等安全事故。

5. 缺乏专业网管，专业管理能力有限

目前，具有良好的计算机网络安全管理和维护技术、能够对于网络环境进行有效管理的专业网管人员比较稀缺，大多数网络安全管理人员的网管水平较低，无法应对随时出现的新的网络安全攻击技术威胁，导致网络安全突发事件难以杜绝，破坏性较大。随着计算机和信息技术的进一步发展，网管人员只有进一步强化学习，掌握最新的网络安全管理技术，才能不断强化技术应用水平，通过对有效的加密技术、外网固化技术、防侵入技术等的学习和应用提升网络系统安全系数。要做到这些，还需要对相关人员进行进一步的教育培训，这是目前很多企业和机构没有做到的。

（三）保证计算机网络信息安全的重要意义和内涵

1. 保证计算机网络信息安全的重要意义

我国的科技水平日益提高，计算机网络技术也随之发展，网络存储已经成为生活和工作中存储信息的主要方式之一。所以，网络信息的保密和不泄漏，和国家、企业、个人的利益息息相关，对于企业的运作有着重要的意义。所以，网络信息安全管理技术的完善，是保障企业良性发展的前提。网络信息安全问题，是目前我国计算机领域首要关注的问题。

2. 保证计算机网络信息安全的内涵

保证计算机网络信息安全的主要目的，就是保证所存储的信息不丢失，这些信息大到国家机密，小到个人私密信息，还包括了各个网站运营商为用户提供的各类服务。要建立一个完善的计算机管理系统，就要对计算机网络信息做一个全

面的了解，并按照信息所带有的特点制定与之对应的安全措施。计算机网络信息安全指的是通过一定的网络监管技术和相应的措施，把某个网络环境中的数据信息安全严密地保护起来。计算机网络信息安全由两个方面构成，一个是物理安全方面，另一个是逻辑安全方面。物理安全就是指具体的设备和相关的硬件设施不受物理的破坏，避免人工或机械的损坏或者丢失等。逻辑安全指的是信息的严密性、可用性、完整性。

（四）计算机网络信息安全分析

1. 遭受网络病毒攻击

计算机病毒一般是经网络渠道来传播的，如在浏览网页时就容易被病毒入侵；计算机病毒也可能以邮件的方式来传播。对于用户本身来说，感染计算机病毒时可能不会察觉，久而久之计算机的系统就会被破坏。所以，在使用被计算机病毒感染的计算机时，如果文件没有加密，那么其信息很可能遭受泄漏，导致一系列连锁反应。用户在远程控制需求状态时，计算机内的信息资料也有被篡改的风险。

2. 计算机硬件和软件较为落后

现在，部分用户的计算机使用的是盗版或非正规渠道下载的软件，盗版的软件对网络信息的安全有一定的负面影响，而计算机用户的配置正常、软件正规，网络安全风险就会降低很多。所以，在发现计算机的硬件比较老旧时，要及时替换，避免安全隐患。在当前的环境下，黑客的攻击手段越来越多样化，其在社交网站上的表现也越来越活跃，越来越多的受害者表示曾遭遇数字勒索，所以计算机硬件的落后也会造成一定的信息风险。在软件方面，要选择正版软件，并及时更新、杀毒，在使用时尽量打开防火墙，做到全方位的保护，确保网络信息的安全。

3. 管理水平

计算机的安全管理涉及的方面非常多，如风险预测、制度协议的构建、风险系数的评估等。我国有很多网络都是专网专用的，这是一种比较独立的资源，使网络的管理受到很大限制。总体来说，网络安全管理缺乏有效的工程规划，使各部门之间的信息传递出现障碍。为了解决这些问题，既要重视建立健全计算机安全管理制度，又要加强信息安全管理人员的专业性培养，提高用户的安全意识，从多个方面建设安全的网络信息技术。只有不断发展，才能真切地提高我国计算管理水平。

（五）计算机网络信息安全的管理

1. 加强对计算机专业人才的培养

要加强计算机网络信息安全的管理，除了加强对计算机本身各个方面的安全规范要求，还要加强对于人才培养的力度，专业化的人才是我国计算机发展的基础，能使我国整体的计算机水平不断提升。随着我国国力的增强，计算机用户越来越多，计算机网络信息安全风险因素也越来越多，所以加强我国计算机专业化人才的培养显得格外重要。只有加强对计算机信息技术高级人才的培养，才能使我国的各个领域共同发展。

2. 使计算机用户的网络意识得到提高

计算机的应用领域越来越广，用户也越来越多，但有一些初学者在计算机安全使用上不具备相关的知识，对于病毒和漏洞等网络危险因素缺少一定的防范意识，导致了计算机出现风险事故。所以，对于计算机用户来说，可以适当进行网络安全方面的教育，让其拥有一定的安全意识，做到可以自己安全使用计算机，及时更新补丁和查杀病毒，这样才能避免计算机出现风险。

3. 制定要有相关的网络安全协议

据相关人士的分析，只有硬件和软件的使用得到规范，网络安全才能得到保障。所以，要解决网络安全问题，出台相关的制度条例和协议就变得重要起来。协议就是在计算机数据传输过程中受到危险攻击时要做出什么样的应对策略才能把问题解决，避免用户受到更多的损失。所以，对于和网络有关的设备制定有效的制度，在访问网络资源时者出现问题需要有专门的人员来解决。对于传输中的数据也要进行加密处理，在这样多重防护下，才能确保计算机的安全。这样的做法能够预防信息就算被攻击者获取，攻击者也没办法明白其表达的意思。所有这些都是用专业的防火墙技术做到的，能够对病毒进行有效的阻挡，达到增强网络信息安全的目的。

4. 应用计算机信息加密技术

随着近年来网上购物的火速发展，第三方支付系统出现，支付宝、微信、网上银行等都是在线上进行交易的，这对计算机防护系统提出了更高的要求。计算机加密技术成为最常用的安全技术，即所谓的密码技术，现在已经演变为二维码技术，能够对账户进行加密，保证账户资金安全。在该技术的应用过程中，如果出现信息窃取，窃取者只能窃取乱码，无法窃取实际信息。

计算机病毒具有传染性强、破坏性强、触发性高的特点，迅速成为计算机网络信息安全中最为棘手的问题。针对病毒威胁，最有效的方法是对计算机网络应用系统设防，将病毒拦在计算机应用程序之外。通过扫描技术对计算机进行漏洞扫描，若出现病毒，则立即杀毒并修复计算机运行中所产生的漏洞和危险。对计算机病毒采取三步消除策略：第一步，病毒预防，预防低级病毒侵入；第二步，病毒检验，包括病毒产生的原因，如数据段异常等，针对具体的病毒程序进行分析、研究、登记，方便日后杀毒；第三步，病毒清理，利用杀毒软件杀毒，现有的病毒清理技术需要计算机在病毒检验后进行分析研究，具体情况具体分析，利用不同的杀毒软件杀毒，这也正是当前计算机病毒的落后性和局限性所在。因此，应当开发新型杀毒软件，研究如何清除不断变化着的计算机病毒，该研究对技术人员专业性的要求高，对程序数据精确性得要求也高，同时对计算机网络信息安全具有重要意义。

5. 完善计算机网络信息安全管理制度

从近些年来的计算机网络安全问题事件来看，许多网络安全问题的产生都是因为计算机管理者疏于管理，未能及时更新防护技术、检查计算机管理系统，使得病毒、木马程序有了可乘之机，为计算机网络信息安全运行留下了巨大的安全隐患。

企业、事业单位领导应该高度重视计算机网络信息安全管理制度的建立，有条件的企业、事业单位应当成立专门的信息保障中心，具体负责计算机系统的日常维护、漏洞的检查、病毒的清理，保护相关文件不受损害。

建议组织开展信息系统等级测评，同时坚持管理与技术并重的原则，邀请专业技术人员开展关于“计算机网络信息安全防护”的主题讲座，增加员工对计算机网络信息安全防护技术的了解，这对信息安全工作的有效开展能够起到很好的指导和规范作用。

6. 提高信息安全防护意识，制定相关法律

在网络信息时代，信息具有无可比拟的重要性，关系着国家的利益，影响着国家发展的繁荣和稳定。目前我国计算机网络信息安全的防护技术和能力从整体上看还不尽如人意，但在出台《国家信息安全报告》探讨在互联网信息时代应如

何建设我国计算机网络信息安全的问题后，我国计算机网络安全现状已经有所改观。

7. 加强网络环境监管，肃清网络环境

对于网络系统的安全管理，第一层管理者应该从网络系统的源头进行管理和维护，必须加大对于网络环境的监管和监测，及时发现安全风险因子，及时应对风险，采取风险解决方案。相关部门必须加大对于网络环境的监管力度，全面加强互联网安全管理，推进“净网”行动顺利开展，有效治理、净化网络环境，为人民群众营造一个安全、清朗的网络空间。各地区公安局网安大队要督促各网站运营负责人学习《网络安全法》和《互联网新闻信息服务管理规定》等相关法规，签订净化网络环境承诺书。网安大队可以与网站运营负责人组建网络安全专班并建立微信联络群，确定安全管理责任人，确保安全管理责任落到实处。同时，各网站、微信公众号运营负责人必须严格遵守《网络安全法》《互联网新闻信息服务管理规定》，强化内部审核管理，积极传播正能量，切实承担起网站和网络自媒体的社会责任，共同维护健康有序的互联网环境。

8. 健全制度体系，确保管理到位

要确保计算机网络信息安全管理和维护工作的有效开展，必须构建完善的管理和维护制度体系，明确企业和机构网络信息安全管理和维护的第一责任人，将相关的管理和维护责任落实到个人，让相关管理和维护人员明确自身的职责，更好地开展网络信息安全管理和维护工作。

9. 强化安全意识，做好宣传工作

相关企业和机构要高度重视网络与信息安全管理工作。为普及网络安全知识，增强企业和相关机构的网络安全意识，可以积极组织开展网络系统安全教育活动，联合相关的网络信息化服务和安全管理部门，面向广大员工和高校学生开展信息网络安全宣传教育活动。在宣传教育过程中，可以通过摆放展板、播放视频、发放宣传册、解答咨询、与相关人员进行互动等形式，传播预防网络电信诈骗、辨别网络虚假信息、抵制网络谣言等常识，提醒广大员工和学生群体增强网络安全意识和自我保护意识，正确、安全地使用网络，并呼吁大家把网络安全知识带回家，告诉自己的亲朋好友，发动全民共同参与，做到安全用网、文明上网，共同营造和谐、安全、稳定的网络环境。在宣传过程中，还可以结合身边的真实案例，就个人隐私泄露、数据丢失、被安装木马软件、被盗取个人资料和信息等案例进行讲解，并就防范各类网络诈骗知识进行宣传。

10. 细化防范措施，进行风险排查

要针对网络与信息安全管理的各环节制定有效的措施，加强网络接入管理，将全局网络接入口统一设在县局机关机房。规范计算机设备命名和 IP 地址使用管理，建立“科室 + 使用人名称”的命名规则，确保计算机命名和 IP 地址一一对应，加强终端设备安全管理。定期对机房各类设备全面检修维护，及时排除不安全因素和故障，完善计算机安全使用保密管理措施，明确规定办公电脑不得使用来历不明、未经杀毒的软件、光盘、U 盘等载体，尤其是要做到内网和外网计算机不能互插 U 盘。针对计算机网络安全的主要风险源，要组织相关人员对计算机是否有内网及终端设备违规外联情况进行彻底检查，确保检查面全覆盖。网管员要负责对范围内的计算机进行全面的安全检查，其中包括杀毒软件的安装是否 100% 覆盖，以及桌面安全审计系统安装情况。在区域内所有内网电脑上启用杀毒软件，每周定时全盘扫描，节省人工排查时间。同时，利用相关软件再次对每一台电脑进行“体检”，及时安装补丁。针对每台电脑，要确保完善基础资料。对于大型企业和事业单位来说，对于所在范围内的所有内网计算机进行风险排查工作量大。借此机会，网管员可以对每台计算机的相关信息做好登记，建立电子台账，为以后的设备维护及网络故障修复提供基础资料。

通过采取这些网络安全管理措施，可有效降低网络系统风险发生的概率，实现网络安全管理效率的不断提升。

11. 加强专业培训，提升风险防范能力

为了提升全员网络安全防控和应对水平，促进网络安全管理取得实效，必须针对网络信息安全的主要威胁、常用的防护技术、跨平台的网络安全防护技术及网络安全防范体系建设等内容对于相关人员进行培训。要让相关网络管理人员在网络的构建和软件的编写上都注意一些细节，让黑客无从下手，保证用户使用网络的安全性。培训应该针对企业或机构中主要的网络安全管理人员进行，通过培训，以近年来省、市网络系统中出现的网络与信息安全事故为例，对单位网站和信息系统存在的安全问题进行剖析，对如何做好信息与网络安全工作提出意见，帮助广大网络安全管理工作者能够切实深化思想认识，高度重视网络与信息安全工作，解决网络信息安全工作中存在的重点难点问题。加快建立健全网络与信息安全、医疗健康数据管理及数据安全和隐私保护等规章制度。要强化网络与信息安全技术监测、预警通报、风险评估和应急处置工作，重大活动期间实行网络与信息安全零报告制度。通过开展类似的网络安全管理培训活动，促进企业和机构安全使用网络系统。

二、计算机网络信息安全及防护策略研究

进入 21 世纪以来，计算机及互联网技术都得到了十分迅猛的发展，这对于人们日常生活的质量及工作效率的提高都起到了积极的促进意义。如今，计算机网络几乎在各行各业都有所渗透，再加上智能手机市场的不断发展，人们对于计算机网络信息的依赖性也在不断增强。但是需要注意的是，计算机网络在给人们的生活和工作带来便利的同时，也使得人们在日常工作的过程中不得不面临着比较大的威胁，而近几年发生的一些被曝光的案例就是十分好的证明。因此，在这样的时代大背景之下，有效强化人们的计算机网络安全意识，不断加强计算机网络信息安全管理及防护，对于有效防止计算机网络信息安全问题将会起到十分关键的作用，对于我国计算机网络今后的健康发展也将会起到十分积极的作用。

（一）可能影响计算机网络信息安全的主要因素研究

在对计算机网络进行保护的过程中，首先需要做到的一点就是对可能影响计算机网络信息安全的主要因素进行研究，笔者在研究的过程中通过查阅相关资料并结合实际情况提出了以下六个方面的因素。

1. 网络系统自身的脆弱性

计算机网络与其他技术最为显著的一个差别就是自身拥有较为良好的开发性，也正是因此极大地降低了人们融入计算机网络中的门槛，虽然这种情况为更多的人提供了便利，但是也导致自身在运行的过程中难免会遇到来自不同方面的影响及破坏，而这种现象也导致计算机网络在安全性方面具有比较大的脆弱性。另外，相关操作人员在进行计算机操作系统编程的过程中，往往容易误操作，导致设计出来的计算机系统本身就存在一定的系统漏洞。另外，因特网在日常工作的过程中主要采用的是 TCP/IP 协议模式，而这种模式自身的安全性相对来说比较低，在进行网络连接和运行的过程中比较容易遇到不同类型的威胁或者攻击，

而一旦这种情况发生却不能及时地拒绝服务或者对欺骗行为进行攻击，就会导致不安全行为。

2. 自然灾害的影响

自然灾害对于计算机网络也会产生一定的威胁，虽然随着计算机的不断发展，目前绝大多数情况下计算机网络采用的都是光纤信号传输，但是在一些极端天气，如暴雨、闪电，或者发生地震的时候，会给光纤传输网络造成十分大的影响，尤其是在一些较为偏远的地区更是如此，严重情况下甚至会对计算机网络造成毁灭性的打击。另外，当传输设备所处的环境不是十分理想的时候，也会导致一些问题，如外部温度过高、湿度过大等，都难以保证计算机网络能够稳定地运行和使用。

3. 恶意的网络攻击

从近些年的实际情况来看，我国网络遭受了几次境外反对势力和不法分子有计划、有预谋的以黑客入侵为主要方式的恶意计算机网络攻击，而这种情况也是目前对计算机网络安全影响最大的一种网络攻击形式。从其攻击方式上来看，主要可以分为主动性攻击及被动性攻击两种。前者主要指的是通过各种不正当的手段有选择性地对目标信息的有效性及完整性进行破坏，试图造成目标信息的网络无法顺利运行。后者主要指的是在不影响目标网络正常使用的前提下，对其内部运行的数据及信息进行破译、截取，希望通过这种方式盗取该网络用户的一些比较重要或者机密的信息等。人为地、有针对性地进行网络攻击行为在最近几年已经逐渐成为影响计算机网络的“头号杀手”，其不但可能造成信息泄露，而且可能会导致整个目标网络瘫痪，造成的损失是不可估计的。

4. 使用者自身失误

在日常使用计算机网络的过程中，由于使用者自身能力及水平的限制容易出现一些误操作，而这也是导致安全问题的一个十分重要的因素。虽然计算机技术在我国已经实现了普及，但是由于一些使用者自身的文化水平不是十分高，在使用的过程中也没有提高安全防范的意识，存在一定的侥幸及疏忽大意的心理，比较常见的一种现象就是在设置密码的时候设置得过于简单，或者在使用的过程中将用户名和密码泄露给了别人，而这些行为最终都将导致计算机网络信息安全在一定程度上面临较大的威胁。

5. 电脑病毒

近些年，电脑病毒横行，从之前的CIH病毒、熊猫烧香病毒，再到近期发生的网络勒索病毒，病毒所造成的危害是十分明显的，一旦计算机中了病毒，将会导致计算机在使用的过程中面临十分大的威胁，在严重情况下对于计算机网络信息整体安全也将会产生比较大的影响。计算机病毒在传播的过程中具有一定的隐蔽性和潜伏性等不容易被人们察觉的特性，目前比较常见的集中传播途径主要有硬盘传播、软件传播、网络传播等。在具体的计算机程序执行过程中，一旦感染了病毒，病毒就会在短时间内触及和渗透到数据文件当中去，甚至在一些时候还会造成计算机系统出现紊乱的情况。另外，计算机病毒还能够通过复制或者传送文件的方式进行传播，而这些病毒轻则可能导致计算机工作效率降低，重则可能导致整个文件的使用受到影响，甚至导致使用者的重要数据丢失，造成十分严重的危害和后果。

6. 垃圾邮件成为病毒传播载体

如今，越来越多的人喜欢在工作的过程中通过邮件的方式进行交流，而这种沟通方式也具有较好的系统性、公开性及可广播性的特点，也为人们传递信息和文件提供了良好的渠道和平台。但是，从实际情况来看，在人们接收到的邮件当中，垃圾邮件的数量不断增多，无论是对于人们的日常生活还是对于人们的工作都造成了不必要的麻烦。这些邮件的发送者一般都是通过事先窃取用户邮箱的相关信息，之后再将这些垃圾信息发送到用户的邮箱当中去，并强迫用户进行接收操作的。这些邮件可能就被植入了病毒文件，如果接收者在收到邮件之后轻易打开，就可能会导致计算机感染病毒。另外，一些具有高端技术手段的黑客，将各种非法软件安装到用户的计算机系统当中去，不断地窃取邮件内容及用户的信息，发布有害信息，甚至进行盗窃等行为，这些行为将会在很大程度上影响社会活动的正常进行。

（二）加强计算机网络信息安全防护的策略思考

1. 采用加密技术

加密技术的产生已经有很长一段时间，主要指对计算机内部一些比较敏感的数据信息进行有效的加密处理。随着技术的不断完善，在进行数据处理的过程中比较常用的手段就是进行加密。从这种技术的本质来看，它是一种相对来说较为开放的对网络信息进行主动加固的技术和方法。目前在日常使用的过程中比较常见的加密技术主要包括对称密钥加密的算法和基于非对称密钥的加密法。前者的加密原理就是按照一定的算法对文件及数据进行合理的处理，最终生产一串不可读的代码，之后再利用相关技术将该段代码转换成为之前的原始数据。

2. 访问控制技术

从目前的实际情况来看，访问控制技术已经逐渐成为保障网络信息安全过程中的一个十分核心的技术，其核心功能就是保证系统访问控制和网络访问控制，在进行系统访问的过程中给不同用户赋予完全不同的身份，而不同身份则具有了相应的访问权限，当用户进入系统当中时，系统首先对其身份进行验证，之后操作系统再提供相应的服务。系统访问控制主要指的就是通过安全操作系统及安全服务器来最终实现网络安全控制工作。其中，选择安全操作系统能够对所有网站进行实时的监控，当监控到的网站信息存在非法情况时，就可以提醒用户修改网站内容可能存在威胁，从而保证用户的计算机能够安全运行。服务器主要是针对局域网当中的所有信息传输进行有效的审核和跟。，网络访问控制主要是对外部用户进行合理的控制，保证外部用户在使用内部用户计算机信息的过程中能够安全可靠。

3. 身份认证技术

身份认证技术主要是通过帮到实体身份与证据来实现的。其中，实体部分可以是主机，也可以是用户，甚至可以是进程，而证据与实体身份之间呈现出的是一一对应的关系。在进行通信的过程中，实体一方能够向另外一方提供证据，用以证明自身的身份，而另外一方则可以通过身份验证机制对其所提供的证据进行有效的验证，最终保证实体与证据之间能够达到良好的一致性。这种方式能够对用户的合法身份、不合法身份进行有效的识别与验证，最大限度地防止非法用户对系统进行访问，从而最大限度地降低用户进行非法潜入的概率。

4. 安装网络防火墙

安装网络防火墙可以有效地防止外部网络用户非法进入内部网络，加强网络访问控制，从而保护内部网络的运行环境。防火墙的技术有很多种，根据技术的不同，网络防火墙可分为代理类型、监视类型、地址转换类型和数据包过滤类型这几种。其中，代理防火墙位于服务器和客户端之间，可以完全阻断二者之间的数据交换。监控防火墙可以实时监控每一层数据，并积极防止外部网络用户未经授权的访问。同时，它的分布式探测器还可以防止内部恶意破坏。地址转换防火墙通过将内部 IP 地址转换为临时外部 IP 地址来隐藏真正的 IP 地址。数据包过滤防火墙采用数据包传输技术，可以判断数据包中的地址信息，有效保障计算机网络信息的安全。

5. 安装杀毒软件

杀毒软件是用户最常使用的安全防护措施，同时也是可靠的安全防护手段，比较常用的有 360 杀毒软件、金山毒霸杀毒软件等。这些软件不仅能杀灭电脑病毒，还能防范一些黑客。此外，为了有效预防病毒，用户需要及时升级自己的杀毒软件，从而确保所使用的杀毒软件是最新版本的，来防护最新的安全威胁。

6. 加强用户账户安全

用户账户包括网上银行账户、电子邮件账户和系统登录账户。加强用户账户的安全是防止黑客的最基本和最简单的方法。例如，用户可以设置复杂的账户名和密码，避免设置相同或类似的账户名，定期更改密码。

7. 数字签名技术

数字签名技术是解决网络通信安全问题的有效手段，它可以实现电子文件的验证和识别，在确保数据隐私和完整性方面发挥着极其重要的作用。其算法主要包括 DSS 签名、RSA 签名和散列签名。数字签名的实现形式包括通用数字签名、对称加密算法的数字签名、基于时间戳的数字签名等。基于时间戳的数字签名引入了时间戳的概念，缩短了对确认信息进行加密和解密的时间，减少了数据加密和解密的次数。这种技术适用于高数据传输要求的场合。

第二章　计算机病毒的特征、分类及防治

第一节　计算机病毒概念及特征

一、计算机病毒概述

（一）计算机病毒的基本概念

1. 计算机病毒的简介

随着 Internet 的迅猛发展，网络应用日益广泛与深入，除了操作系统和 Web 程序的大量漏洞，现在几乎所有的软件都成为病毒的攻击目标。同时，病毒的数量越来越多，破坏力越来越大，而且病毒的“工业化”入侵及“流程化”攻击等特点越发明显。现在，黑客和病毒制造者为获取经济利益，分工明确，通过集团化、产业化运作，批量制造计算机病毒，寻找计算机网络的各种漏洞，并设计入侵、攻击流程，盗取用户信息。

随着计算机病毒的增加，计算机病毒的防护也越来越重要。为了做好计算机病毒的防护，首先需要知道什么是计算机病毒。

2. 计算机病毒的定义

一般来说，能够引起计算机故障、破坏计算机数据的程序或指令集合统称为计算机病毒(computer virus)。依据此定义，逻辑炸弹、蠕虫等均可称为计算机病毒。

随着手持终端设备处理能力的增强，病毒的破坏性也与日俱增。随着网络家电的使用和普及，病毒也会蔓延到此领域。这些病毒是由计算机程序编写而成的，也属于计算机病毒的范畴，所以计算机病毒的定义不单指对计算机的破坏。

（二）计算机病毒的产生

1. 理论基础

计算机病毒并非最近才出现的新产物。早在 1949 年，计算机的先驱者约

翰·冯·诺依曼（John von Neumann）在他所写的一篇论文《复杂自动装置的理论及组织的行为》中就提出了一种会自我繁殖的程序，也就是病毒。

2. 磁芯大战

在约翰·冯·诺依曼发表《复杂自动装置的理论及组织的行为》一文10年之后，在美国电话电报公司（AT&T）的贝尔（Bel）实验室中，这些概念在一种很奇怪的电子游戏中成形了。这种电子游戏叫作磁芯大战（Core War），它是当时贝尔实验室中3个年轻工程师制作完成的

Core War 的进行过程如下：双方各编写一套程序，并输入同一台计算机中；这两套程序在计算机内存中运行，相互追杀；有时会放下一些关卡，有时会停下来修复被对方破坏的指令；被困时，可以自己复制自己，逃离险境。因为这些程序都在计算机的内存（以前是用磁芯做内存的）中游走，所以称其为 Core War，这就是计算机病毒的雏形。

3. 计算机病毒的出现

1983 年，杰出计算机奖获奖人科·汤普森（Ken Thompson）在颁奖典礼上做了一个演讲，不但公开地证实了计算机病毒的存在，而且告诉了听众怎样去写病毒程序。1983 年 11 月 3 日，弗雷德·科恩（Fred Cohen）在南加州大学读研究生期间研制出一种可以在运行过程中复制自身的破坏性程序，制造了第一个病毒。虽然之前有人曾经编写过一些具有潜在破坏力的恶性程序，但是他是第一个在公众面前展示有效样本的人。他的论文将病毒定义为“一个可以通过修改其他程序来复制自己并感染它们的程序”。伦·艾德勒曼（Len Adleman）将这类程序命名为计算机病毒，并在每周一次的计算机安全讨论会上正式提出。当天专家们在VAX11/750 计算机系统上运行病毒，第一个病毒实验成功；一周后专家团队又获准进行 5 个实验的演示，从而在实验上验证了计算机病毒的存在。

1986 年年初，第一个真正的计算机病毒问世，即在巴基斯坦出现的“C-Brain”病毒。该病毒在 1 年的时间内流传到了世界各地，并且出现了多个针对原始程序的修改版本，引发了迈阿密病毒等的涌现。所有这些病毒都针对 PC 用户，并以软盘为载体，随寄主程序的传递感染其他计算机。

4. 我国计算机病毒的出现

我国的计算机病毒最早发现于 1988 年，是来自西南铝加工厂的病毒——“小

球”病毒。此后，国内各地陆续报告发现该病毒。在不到 3 年的时间里，我国又出现了“黑色星期五”“雨点”“磁盘杀手”“音乐”“扬基都督”等数百种不同传染和发作类型的病毒。1989 年 7 月，公安部计算机管理监察局监察处病毒研究小组针对国内出现的病毒，迅速编写了反病毒软件 KILL 6.0，这是国内第一个反病毒软件。

二、计算机病毒的特征

计算机病毒是人为编制的一组程序或指令集合，这段程序代码一旦进入计算机并得以执行，就会对计算机的某些资源进行破坏，再搜寻其他符合其传染条件的程序或存储介质达到自我繁殖的目的。计算机病毒具有以下一些特征。

（一）传染性

传染性是计算机病毒最重要的特性。计算机病毒的传染性是指病毒具有把自身复制到其他程序中的特性，会通过各种渠道从已被感染的计算机扩散到未被感染的计算机。只要一台计算机感染病毒，与其他计算机通过存储介质或者网络进行数据交换时，病毒就会继续进行传播。传染性是判断一段程序代码是否为计算机病毒的根本依据。

（二）破坏性

任何计算机病毒只要侵入系统，就会对系统及应用程序产生不同程度的影响。有的计算机病毒会降低计算机的工作效率，占用系统资源（如占用内存空间、磁盘存储空间等），有的只显示一些画面或音乐、无聊的语句，或者根本没有任何破坏性动作。

（三）潜伏性及可触发性

大部分计算机病毒在感染了系统之后不会马上发作，而是悄悄地隐藏起来，然后在用户没有察觉的情况下进行传染。病毒的潜伏性越好，在系统中存在的时间就越长，病毒传染的范围就越广，其危害性也越大。

计算机病毒的可触发性是指满足其触发条件或者激活病毒的传染机制，使之进行传染，或者激活病毒的表现部分或破坏部分。

计算机病毒的潜伏性与可触发性是联系在一起的，潜伏下来的病毒只有具有了可触发性，其破坏性才成立，才能真正称为“病毒”。如果一个病毒永远不会运行，就像死火山一样，那它对网络安全就不构成威胁。触发的实质是一种条件的控制，病毒程序可以依据设计者的要求，在一定条件下实施攻击，如以下一些触发条件。

（1）敲入特定字符。

（2）使用特定文件。

（3）某个特定日期或特定时刻。

（4）病毒内置的计数器达到一定次数。

（四）非授权性

一般正常的程序由用户调用，再由系统分配资源，最后完成用户交给的任务，其目的对用户是可见的、透明的。而病毒具有正常程序的一切特性，隐藏在正常程序中，当用户调用正常程序时窃取到系统的控制权，先于正常程序执行，病毒的动作、目的对用户是未知的，是未经用户允许的，即具有非授权性。

（五）隐蔽性

计算机病毒具有隐蔽性，以便其不被用户发现及躲避反病毒软件的检验。因此，系统感染病毒后，一般情况下用户感觉不到病毒的存在，只有在其发作，且系统出现不正常反应时用户才知道。

为了更好地隐藏，病毒的代码设计得非常短小，一般只有几百字节或 1KB。以现在计算机的运行速度，病毒转瞬之间便可将短短的几百字节附着到正常程序之中，使人很难察觉。病毒隐蔽的方法很多，举例如下。

（1）隐藏在引导区，如“小球”病毒。

（2）附加在某些正常文件后面。

（3）隐藏在某些文件的空闲字节里。例如，“CIH”病毒使用大量的“诡计”来隐藏自己，把自己分裂成几个部分，隐藏在某些文件的空闲字节里，而不会改变文件长度。

（4）隐藏在邮件附件或者网页里。

（六）不可预见性

从对病毒的检测来看，病毒还有不可预见性。不同种类的病毒，其代码千差万别，但有些操作是共有的（如驻内存、改中断）。有些人利用病毒的这种共性，制作了声称可查所有病毒的程序。这种程序的确可以查出一些新病毒，但是由于目前的软件种类极其丰富，并且某些正常程序也使用了类似病毒的操作，甚至借鉴了某些病毒的技术，所以使用这种方法对病毒进行检测势必造成较多的误报情况。病毒的制作技术也在不断提高，病毒对反病毒软件来说永远是超前的。

第二节　计算机病毒的分类

一、按照计算机病毒依附的操作系统分类

（1）基于 DOS 系统的病毒。基于 DOS 系统的病毒是一种只能在 DOS 环境下运行、传染的计算机病毒，是最早出现的计算机病毒，“米开朗琪罗”病毒、“黑色星期五”病毒等均属于此类病毒。DOS 系统的病毒一般又分为引导型病毒、文件型病毒、混合型病毒等。

（2）基于 Windows 系统的病毒。由于 Windows 的图形用户界面（Graph-ical User Interface，GUI）和多任务操作系统深受用户的欢迎，尤其是 PC 几乎都使用 Windows 操作系统，因此其成为病毒攻击的主要对象。目前大部分病毒都是基于 Windows 操作系统的，而且安全性最高的 Windows Vista 也有漏洞，而且该漏洞已经被黑客利用，产生了能感染 Windows Vista 系统的“威金”病毒、盗号木马病毒等。

（3）基于 UNIX/Linux 系统的病毒。现在，UNIX/Linux 系统应用非常广泛，许多大型服务器均采用 UNIX/Linux 操作系统，或者基于 UNIX/Linux 系统开发的其他操作系统。

（4）基于嵌入式操作系统的病毒。嵌入式操作系统是一种用途广泛的系统软件，过去主要应用于工业控制和国防系统领域。随着 Internet 技术的发展、信息家电的普及应用及嵌入式操作系统的微型化和专业化，嵌入式操作系统的应用也越来越广泛，如应用到手机操作系统中。现在，Android、iOS 是主要的手机操作系统。目前已经发现了多种手机病毒，手机病毒也是一种计算机程序，和其他计算机病毒（程序）一样具有传染性、破坏性。手机病毒可利用发送短信或彩信、发送电子邮件、浏览网站、下载铃声等方式进行传播。手机病毒可能会导致用户的手机死机、关机、资料被删、向外发送垃圾邮件、拨打电话等，甚至还会损坏 SIM 卡、芯片等硬件。

二、按照计算机病毒的传播媒介分类

网络的发展也导致了病毒制造技术和传播途径的不断发展和更新。近几年，病毒所造成的破坏非常巨大。一系列的事实证明，在所有网络安全问题中，病毒已经成为信息安全的第一威胁。由于病毒具有自我复制和传播的特点，所以研究病毒的传播途径对病毒的防范具有极为重要的意义。对计算机病毒的传播机理进行分析可知，只要是能够进行数据交换的介质，都可能成为计算机病毒的传播途径。

在 DOS 病毒时代，最常见的传播途径就是从光盘、软盘传入硬盘，感染系统，再传染其他软盘，又传染其他系统。现在，随着 USB 接口的普及，使用闪存盘、移动硬盘的用户越来越多，这已经成为病毒传播的新途径。

目前，绝大部分病毒是通过网络来传播的。在网络传播途径中，主要有以下几个方面。

（1）通过浏览网页传播。例如，“欢乐时光”（RedLof）是一种脚本语言病毒，能够感染“.htt”“.htm”等多种类型的文件，可以通过局域网共享、Web 浏览等途径传播。系统一旦感染这种病毒，就会在文件目录下生成“desktop.ini”“folder.htt”两个文件，系统的运行速度会变慢。

（2）通过网络下载传播。随着各种新兴下载方式的流行，黑客也开始将其作为重要的病毒传播手段，如“冲击波”等病毒可通过网络下载的软件携带。

（3）通过即时通信（instant messaging, IM）软件传播。黑客可以编写“QQ 尾巴”类的病毒，通过 IM 软件传送病毒文件、广告、消息等。

（4）通过邮件传播。“爱虫”“Sobig”“求职信”等病毒都是通过电子邮件传播的。2000 年，国际计算机安全协会（International Computer Security Association, ICSA）统计的数据显示电子邮件为计算机病毒最主要的传播媒介，感染率由 1998 年的 32% 增长至 87%。随着病毒传播途径的增加及人们安全意识的提高，邮件传播所占的比重下降，但仍然是主要的传播途径。

（5）通过局域网传播。“欢乐时光”“尼姆达”“冲击波”等病毒可通过局域网传播。2007 年的“熊猫烧香”病毒、2008 年的“磁碟机”病毒也是通过局域网进行传播的。

现在的计算机病毒都不是通过某种单一途径传播的，而是通过多种途径传播。例如，2008 年的“磁碟机”病毒的传播途径主要有 U 盘、移动硬盘、数码存储卡传播（移动存储介质），各种木马下载器之间相互传播，通过恶意网站下载，通过感染文件传播，通过内网 ARP 攻击传播。因此，病毒的防御工作越来越难。

三、按照计算机病毒的宿主分类

（一）引导型病毒

引导扇区是大部分系统启动或保存引导指令的地方，而且对所有的磁盘来说，不管是否可以引导，都有一个引导扇区。引导型病毒感染的主要方式是计算机通过已被感染的引导盘（常见的如软盘）引导时发生的。

引导型病毒隐藏在 ROM BIOS 之中，先于操作系统启动，依托的环境是 BIOS（Basic Input Output System，可直译为“基本输入输出系统”）中断服务程序。引导型病毒利用操作系统的引导模块寄生在某个固定的位置，并且控制权的转交方式以物理地址为依据，而不是以操作系统引导区的内容为依据。因此，病毒占据该物理位置即可获得控制权，从而将真正的引导区内容转移或替换，待病毒程序被执行后，将控制权交给真正的引导区内容，使这个带病毒的系统看似正常运转，病毒却已隐藏在系统中伺机传染、发作。

引导型病毒按其所在的引导区又可分为两类，即 MBR（主引导区）病毒、BR（引导区）病毒。MBR 病毒将病毒寄生在硬盘分区主引导程序所占据的硬盘 0 头 0 柱面第 1 个扇区中。

引导型病毒几乎都会常驻在内存中，差别只在于内存中的位置。所谓“常驻”，是指应用程序把要执行的部分在内存中驻留一份，这样就不必在每次要执行时都到硬盘中搜寻，以提高效率。

引导区感染了病毒后，用格式化程序（format）可清除病毒。如果主引导区感染了病毒，用格式化程序是不能清除该病毒的，可以用 FDISK/MBR 清除该病毒。

（二）文件型病毒

文件型病毒以可执行程序为宿主，一般感染文件扩展名为“.com”“.exe”和“.bat”等的可执行程序。文件型病毒通常隐藏在宿主程序中，执行宿主程序时将先执行病毒程序，此时系统看起来仿佛一切都很正常，但病毒已经驻留在内存中，伺机传染其他文件或直接传染其他文件。

文件型病毒的特点是附着于正常程序文件中，成为程序文件的一个外壳或部件。文件型病毒的安装必须借助于病毒的载体程序，即要运行病毒的载体程序，才能引入内存。“黑色星期五”“CIH”等就是典型的文件型病毒。根据文件型病毒寄生在文件中的方式，可以将其消失分为覆盖型文件病毒、依附型文件病毒、伴随型文件病毒。

1. 覆盖型文件病毒

覆盖型文件病毒的特征是覆盖所感染文件中的数据。也就是说，一旦某个文件感染了此类计算机病毒，即使将带病毒文件中的恶意代码清除，文件中被其覆盖的那部分内容也不能恢复，只能将其彻底删除。

2. 依附型文件病毒

依附型文件病毒会把自己的代码复制到宿主文件的开头或结尾处，并不改变其攻击目标（该病毒的宿主程序），相当于给宿主程序加了一个“外壳”。依附型文件病毒常常是移动文件指针到文件末尾，写入病毒体，并修改文件的前两三个字节为一个跳转语句（JMP/EB），略过源文件代码而跳到病毒体。病毒体尾部保存了源文件中三个字节的数据，于是病毒执行完毕之后恢复数据并把控制权交回源文件。

3. 伴随型文件病毒

伴随型文件病毒并不改变文件本身，它根据算法产生 EXE 文件的伴随体，与原来的文件具有同样的名字和不同的扩展名，如“Xcopy.exe”的伴随体是“xcopy.com”。病毒把自身写入 COM 文件并不改变 EXE 文件，当 DOS 加载文件时，伴随体优先被执行，再由伴随体加载执行原来的 EXE 文件。

文件型病毒曾经是 DOS 时代病毒的主要类型，进入 Windows 时代之后，文件型病毒的数量下降很多。但 2006 年的“维金”和 2007 年年初的“熊猫烧香”病毒“风靡”全国之后，文件型病毒不断增多，除了传统的文件感染方式，还新增了如“瓢虫”“小浩”等新的覆盖式感染方式。这种不负责任的感染方式将导致中毒用户计算机上的被感染文件无法修复，给用户带来毁灭性的损坏。

（三）宏病毒

宏是 Microsoft 公司为其 Office 软件包设计的一个特殊功能，是软件设计者为了让人们在使用软件进行工作时避免一再重复相同的动作而设计出来的一种工具。利用简单的语法，把常用的动作写成宏，在工作时就可以直接利用事先编好的宏自动运行，完成某项特定的任务，而不必再重复相同的动作，目的是让用户文档中的一些任务自动化。

宏病毒是一种以 Microsoft Office 的宏为宿主，寄存在文档或模板的宏中的计算机病毒。用户一旦打开这样的文档，其中的宏就会被执行，于是宏病毒就会被激活，并能通过 DOC 文档及 DOT 模板进行自我复制及传播。

（四）蠕虫病毒

1. 蠕虫病毒的概念

蠕虫（Worm）病毒是一种常见的计算机病毒，通过网络复制和传播，具有病毒的一些共性，如传播性、隐蔽性、破坏性等，同时具有自己的一些特征，如不利用文件寄生（有的只存在于内存中）。蠕虫病毒是自包含的程序（或是一套程序），能传播自身功能的拷贝或自身某些部分到其他的计算机系统中（通常经过网络）。与一般病毒不同，蠕虫病毒不需要将其自身附着到宿主程序中。

蠕虫病毒的传播方式有通过操作系统漏洞传播、通过电子邮件传播、通过网络攻击传播、通过移动设备进行传播、通过即时通信等社交网络传播。

在产生的破坏性上，蠕虫病毒也不是普通病毒所能比拟的。网络的发展使蠕虫病毒可以在短时间内蔓延整个网络，造成网络瘫痪。根据使用者情况，可将蠕虫病毒分为两类：一类是针对企业用户和局域网的，这类病毒利用系统漏洞，主动进行攻击，可以对整个Interne七造成瘫痪性的后果，如“尼姆达”“SQL蠕虫王”；另一类是针对个人用户的，通过网络（主要是电子邮件、恶意网页等形式）迅速传播，以“爱虫”病毒、“求职信”病毒为代表。在这两类蠕虫病毒中：第一类具有很强的主动攻击性，而且爆发也有一定的突然性；第二类病毒的传播方式比较复杂、多样，少数利用了 Microsoft 应用程序的漏洞，更多的则利用社会工程学对用户进行欺骗和诱使，这样的病毒造成的损失是非常大的，同时也是很难根除的。

2. 蠕虫病毒与传统病毒的区别

蠕虫病毒一般不采取利用 PE 格式插入文件的方法，而是通过复制自身在 Internet 环境下进行传播。传统病毒的传染目标主要是计算机内的文件系统，而蠕虫病毒的传染目标是 Internet 内的所有计算机。局域网条件下的共享文件夹、电子邮件、网络中的恶意网页、存在着大量漏洞的服务器等，都是蠕虫病毒传播的良好途径。网络的发展也使蠕虫病毒可以在几个小时内蔓延全球，而且蠕虫病毒的主动攻击性和突然爆发性常使人们手足无措。

第三节　计算机病毒的防治

众所周知，对于计算机系统来说，要想知道其是否感染了病毒，首先要进行检测，然后才是防治。具体的检测方法不外乎两种：自动检测和人工检测。

自动检测是由成熟的检测软件（杀毒软件）来自动工作，无须人工干预。但是，由于现在新病毒出现快、变种多，有时候没办法及时更新病毒库，所以需要人们能够根据计算机出现的异常情况进行检测，即人工检测的方法。感染病毒的计算机系统内部会发生某些变化，并在一定的条件下表现出来，因而可以通过直接观察来判断系统是否感染了病毒。

一、计算机病毒引起的异常现象

用户可以通过对计算机所出现的异常现象进行分析，大致判断系统是否被传染了病毒。系统感染病毒后会有以下一些现象。

（一）运行速度缓慢，CPU 使用率异常高

（1）如果开机以后系统运行速度缓慢，无法关闭应用软件，可以用任务管理器查看 CPU 的使用率。如果使用率突然增高且超过正常值，一般就是系统出现了异常，需要找到可疑进程。

（2）查找可疑进程。发现系统异常，首先排查的就是进程。开机后，不启动任何应用服务，而是进行以下操作。

①直接打开任务管理器，查看有没有可疑的进程，不认识的进程可以在网上搜索一下。

②打开冰刃等软件，先查看有没有隐藏进程（冰刃中以红色标出），然后查看系统进程的路径是否正确。如果冰刃无法正常使用，可以判定已经中毒；如果有红色的进程，基本可以判定已经中毒；如果有不在正常目录的正常系统进程名的进程，也可以判定已经中毒。

（二）蓝屏

有时候病毒文件会让 Windows 内核模式的设备驱动程序或者子系统出现一个

非法异常，引起蓝屏现象。

（三）浏览器出现异常

当浏览器出现异常，如莫名地被关闭、主页篡改、强行刷新、跳转网页、频繁弹出广告等时，有可能是系统感染了病毒。

（四）应用程序图标被篡改或变成空白

如果程序快捷方式图标或程序目录的主EXE文件的图标被篡改或变成空白，那么很有可能这个软件的EXE程序已经被病毒或木马感染。

出现上述系统异常情况，也可能是由误操作或软硬件故障引起的。在系统出现异常情况后，及时更新病毒库，使用杀毒软件进行全盘扫描，可以准确判断程序是否感染了病毒，并能及时清除。

二、计算机病毒程序的一般构成

计算机病毒程序通常由一个标志和三个单元构成：感染标志、引导模块、感染模块和破坏表现模块。

（一）感染标志

计算机病毒在感染前，需要先通过识别感染标志判断计算机系统是否已经被感染。若没有被感染，则病毒程序会将主体设法引导安装在计算机系统中，为其感染模块和破坏表现模块的引入、运行和实施做好准备。

（二）引导模块

引导模块负责将计算机病毒程序引入计算机内存中，并使得感染和破坏表现模块处于活动状态。它需要提供自我保护功能，避免自身在内存中的代码被覆盖或清除。计算机病毒程序引入内存后，为感染模块和破坏表现模块设置相应的启动条件，以便在适当的时候或者合适的条件下激活感染模块或者触发破坏表现模块。

（三）感染模块

1. 感染条件判断子模块

依据引导模块设置的感染条件，判断当前系统环境是否满足感染条件。

2. 感染功能实现子模块

如果感染条件满足，则启动感染功能，将计算机病毒程序附加在其他宿主程序上。

（四）破坏表现模块

病毒的破坏表现模块主要包括两部分：一是激发控制，当病毒满足一个条件时，就会发作；二是破坏操作，不同病毒有不同的操作方法，典型恶性病毒的操作方法包括疯狂拷贝、删除文件等。

三、计算机防病毒技术原理

自 20 世纪 80 年代出现具有危害性的计算机病毒以来，计算机专家就开始研究反病毒技术，反病毒技术随着病毒技术的发展而发展。

不同的计算机病毒诊断技术依据的原理不同，实现时所需的开销不同，检测范围也不同，各有所长。常用的计算机病毒诊断技术有以下几种。

（一）特征代码法

特征代码法是现在大多数反病毒软件静态扫描所采用的方法，是检测已知病毒最简单、开销最小的方法。

当防毒软件公司收集到一种新的病毒时，就会从这个病毒程序中截取一小段独一无二而且足以表示这种病毒的二进制代码（binary code）来当作扫描程序辨认此病毒的依据，而这段独一无二的二进制代码就是病毒特征码。分析出病毒的特征码后，将其集中存放于病毒代码库文件中，在扫描的时候将扫描对象与特征代码库比较，如果吻合，则判断为感染了该病毒。特征代码法实现起来简单，对于查杀传统的文件型病毒特别有效，而且由于已知特征代码，清除病毒十分安全和彻底。使用特征代码技术需要实现一些补充功能，如近些年的压缩可执行文件自动查杀技术。特征代码法的优缺点如下。

（1）特征代码法的优点：检测准确、可识别病毒的名称、误报警率低、依据检测结果可做杀毒处理。

（2）特征代码法的缺点主要表现在以下几个方面。

①速度慢。检索病毒时，必须对每种病毒特征代码逐一检查，随着病毒种类的增多，特征代码也增多，检索时间就会变长。

②不能检查多形性病毒。

③不能对付隐蔽性病毒。如果隐蔽性病毒先进驻内存，然后运行病毒检测工具，隐蔽性病毒就能先于检测工具将被查文件中的病毒代码剥去，检测工具就只是在检查一个虚假的“好文件”而不会报警，被隐蔽性病毒蒙骗。

④不能检查未知病毒。对于从未见过的新病毒，自然无法知道其特征代码，因而无法检测这些新病毒。

（二）校验和法

病毒在感染程序时，大多会使被感染的程序大小增加或者日期改变，校验和法就是根据病毒的这种行为来进行判断的。首先把硬盘中的某些文件（如计算磁盘中的实际文件或系统扇区的 CRC 检验和）的资料汇总并记录下来，在以后的检测过程中重复此项动作，并与前次记录进行比较，借此来判断这些文件是否被病毒感染。校验和法的优缺点如下。

（1）校验和法的优点：方法简单，能发现未知病毒，被查文件的细微变化也能被发现。

（2）校验和法的缺点主要体现在以下几方面。

①由于病毒感染并非文件改变的唯一原因（文件的改变常常也会由正常程序引起，如版本更新、修改参数等正常操作），所以校验和法误报率较高。

②效率较低。

③不能识别病毒名称。

④不能对付隐蔽性病毒。

（三）行为监测法

病毒感染文件时，常常有一些不同于正常程序的行为，利用病毒的特有行为和特性监测病毒的方法称为行为监测法。通过对病毒多年的观察、研究，人们发现有一些行为是病毒的共同行为，而且比较特殊，而在正常程序中这些行为比较罕见。当程序运行时，监视其行为，如果发现了病毒行为，则立即报警。

行为监测法引入一些人工智能技术，通过分析检查对象的逻辑结构，将其分为多个模块，分别将其引入虚拟机中执行并监测，从而查出使用特定触发条件的病毒。

行为监测法的优点在于不仅可以发现已知病毒，而且可以相当准确地预报未知的多数病毒。但行为监测法也有其短处，即可能误报警和不能识别病毒名称，而且实现起来有一定的难度。

（四）虚拟机技术

多态性病毒在每次感染时病毒代码都会发生变化，对于这种病毒，特征代码法是无效的，因为多态性病毒每次所用的密钥不同，把染毒的病毒代码相互比较，也无法找出相同的可能作为特征的稳定代码。虽然行为监测法可以检测多态性病毒，但是在检测出病毒后，因为不知病毒的种类，难以进行杀毒处理。

为了检测多态性病毒和一些未知的病毒，可应用新的检测方法——虚拟机技术（软件模拟法）。“虚拟机技术”是在计算机中创造一个虚拟系统，虚拟系统通过生成现有操作系统的全新虚拟镜像，使其具有和真实系统完全一样的功能。进入虚拟系统后，所有操作都是在这个全新的、独立的虚拟系统里面进行，可以独立安装运行软件，保存数据，不会对真正的系统产生任何影响。将病毒在虚拟环境中激活，从而观察病毒的执行过程，根据其行为特征判断其是否为病毒。虚拟机技术对加壳和加密的病毒非常有效，因为这两类病毒在执行时最终还是要“自身脱壳”和解密的，这样杀毒软件就可以在其“现出原形”之后通过特征码查毒法对其进行查杀。

虚拟机技术是用软件方法来模拟和分析程序的运行的。虚拟机技术一般结合特征代码法和行为监测法一起使用。

Sandboxie（沙箱、沙盘）是一种虚拟系统，在该系统内运行程序完全隔离，任何操作都不对真实系统产生危害，就如同一面镜子，病毒所影响的是镜子中的影子系统而已。

在反病毒软件中引入虚拟机是综合分析了大多数已知病毒的共性，并基本可以认为在今后一段时间内的病毒大多会沿袭这些共性。由此可见，虚拟机技术是离不开传统病毒特征码技术的。

总的来说：特征代码法查杀已知病毒比较安全彻底，实现起来简单，常用于静态扫描模块；其他几种方法适合于查杀未知病毒和变形病毒，但误报率高，实现难度大，在常驻内存的动态监测模块中发挥重要作用。综合利用上述几种技术互补不足，并不断发展改进，才是反病毒软件的必然趋势。

四、网络防病毒方案

目前，Internet 已经成为病毒传播的最大渠道，电子邮件和网络信息传递为病毒传播打开了高速通道。病毒的感染、传播的途径也由原来的单一、简单变得复杂、隐蔽，造成的危害越来越大，几乎到了令人防不胜防的地步。这对防病毒产品提出了新的要求。

很多企业、学校都建立了完整的网络平台，急需相对应的网络防病毒体系。尤其是学校这样的网络环境，其网络规模大，计算机数量多，学生使用计算机的流动性强，很难全网一起杀毒，更需要建立整体防病毒方案。

本部分以瑞星杀毒软件网络版为例介绍网络防病毒的体系结构。瑞星杀毒软件网络版采用分布式的体系结构，整个防病毒体系由三个相互关联的子系统组成：系统中心、服务器端 / 客户端、管理员控制台。各个子系统协同工作，共同完成对整个网络的病毒防护工作，为用户的网络系统提供全方位的防病毒解决方案。

（一）系统中心

系统中心是整个瑞星杀毒软件网络版网络防病毒体系的信息管理和病毒防护的自动控制核心，它能够实时地记录防护体系内每台计算机上的病毒监控、检测和信息清除情况，同时根据管理员控制台的设置，实现对整个防护系统的自动控制。

（二）服务器端 / 客户端

服务器端 / 客户端是针对网络服务器 / 网络工作站（客户机）设计的，承担着对当前服务器 / 工作站上的病毒进行实时监控、检测和清除，自动向系统中心报告病毒监测情况，以及自动进行升级的任务。

（三）管理员控制台

管理员控制台是为网络管理员专门设计的，是整个瑞星杀毒软件网络版网络防病毒系统设置、管理和控制的操作平台。它集中管理网络上所有已安装了瑞星杀毒软件网络版的计算机，同时实现对系统中心的管理。它可以安装到任何一台安装了瑞星杀毒软件网络版的计算机上，实现移动式管理。

瑞星杀毒软件网络版采用分布式体系，结构清晰明了，管理维护方便。管理员只要拥有管理员账号和口令，就能在网络上任何一台安装了瑞星管理员控制台的计算机上实现对整个网络中所有计算机的集中管理。

另外，校园网、企业网络面临的威胁已经由传统的病毒威胁转化为包括蠕虫、木马间谍软件、广告软件和恶意代码等与传统病毒截然不同的新类型威胁。这些新类型的威胁在业界称为混合型威胁。混合型病毒将传统病毒原理和黑客攻击原理巧妙地结合在一起，将病毒复制、蠕虫蔓延、漏洞扫描、漏洞攻击、DOS攻击、遗留后门等攻击技术综合在一起，其传播速度非常快，造成的破坏程度要比以前的计算机病毒所造成的破坏大得多。混合型病毒的出现使人们意识到，必须设计一个有效的主动式保护战略，在病毒爆发之前对其进行遏制。

五、选择防病毒软件的标准

（一）病毒查杀能力

病毒查杀能力是衡量网络版杀毒软件性能的重要因素。用户在选择软件的时候，不仅要考虑它能够查杀的病毒的种类和数量，更应该注重其对流行病毒的查杀能力。很多厂商都以拥有大病毒库而自豪，其实很多恶意攻击都是针对政府、金融机构、门户网站的，并不对普通用户的计算机构成危害。过于庞大的病毒库会降低杀毒软件的工作效率，同时也会增大误报、误杀的可能性。

（二）对新病毒的反应能力

对新病毒的反应能力也是考查防病毒软件查杀病毒能力的一个重要方面。通常，防病毒软件供应商都会在全国甚至全世界建立一个病毒信息收集、分析和预测的网络，使其软件能更加及时、有效地查杀新的病毒。这一网络体现了软件商对新病毒的反应能力。

（三）病毒实时监测能力

对网络驱动器的实时监控是网络版杀毒软件的一个重要功能。在很多单位，特别是网吧、学校、机关中，有一些老式计算机因为资源、系统等问题不能安装杀毒软件，此时就需要使用这种功能进行实时监控。同时，实时监控还应识别尽可能多的邮件格式，并具备对网页的监控和从端口进行拦截病毒邮件的功能。

（四）快速、方便的升级能力

只有不断更新病毒数据库，才能保证防病毒软件对新病毒的查杀能力。升级的方式应该多样化，防病毒软件厂商必须提供多种升级方式，特别是对于公安、医院、金融等不能连接到 Internet 的用户，必须要求厂商提供除 Internet 外的本地服务器、本机等升级方式。自动升级的设置也应该多样化。

（五）智能安装、远程识别

对于中小企业用户来说，由于网络结构相对简单，网络管理员可以手动安装相应软件，只需要明确各种设备的防护需求即可。计算机网络应用复杂的用户（如跨国机构、国内连锁机构、大型企业等）在选择软件时，应该考虑到各种情况，要求厂商能提供多种安装方式，如域用户的安装、普通用户的安装、未联网用户的安装和移动客户的安装等。

（六）管理方便，易于操作

系统的可管理性是系统管理员尤其要注意的问题。对于那些多数员工对计算机知识不是很了解的单位，应该限制客户端对软件参数的修改权限；对于软件开发、系统集成等科技企业，根据员工对网络安全知识的了解情况及工作需要，可适当开放部分参数设置的权限，但必须做到可集中控制管理；对于网络管理技术薄弱的企业，可以考虑采用远程管理的措施，把企业用户的防病毒管理工作交给专业防病毒厂商的控制中心专门管理，从而降低用户企业的管理难度。

（七）对资源的占用情况

防病毒程序进行实时监控或多或少地要占用部分系统资源，这就不可避免地会使系统的性能降低。例如，一些单位上网速度慢，有一部分原因是防病毒程序对文件的过滤。企业应该根据自身网络的特点，灵活地配置企业版防病毒软件的相关设置。

（八）系统兼容性与可融合性

系统兼容性是选购防病毒软件时需要考虑的因素。防病毒软件的一部分常驻程序如果与其他软件不兼容，将会产生很多问题，如导致某些第三方控件无法使用，影响系统的运行。在选购安装防病毒软件时，应该经过严密的测试，以免影响系统的正常运行。对于计算机操作系统千差万别的企业，还应该要求企业版防病毒软件能适应不同的操作系统平台。

第三章　其他计算机信息安全技术

第一节　备份技术

随着计算机技术、网络技术、信息技术的发展，越来越多的企业和个人已经在使用计算机系统处理日常业务。一方面，计算机带给用户极大的便利；另一方面，用户对计算机应用的不断深入和提高也意味着对计算机系统中数据的依赖性大大加强。使用不当或不可预见的原因引起的操作系统瘫痪、数据丢失问题，给用户带来很大的烦恼。鉴于此，作为一名计算机用户，掌握备份与恢复的“真功夫”便显得尤为重要。

事实上，人们在日常生活中都不自觉地进行着备份。比如：存折密码记在脑子里怕忘，就会写下来记在纸上；门钥匙、抽屉钥匙总要有两把。其实，备份的概念说起来很简单，就是保留一套后备系统。这套后备系统或者是与现有系统一模一样，或者是能够替代现有系统发挥作用。一旦原件丢失，备份就能取而代之。

一、数据失效与备份

随着网络的普及和信息量的爆炸性增长，数据量也呈几何级的增长，数据失效的问题日趋严重。导致数据失效的原因大致有以下几种：计算机软硬件故障、人为操作故障、自然灾害等。其中，软件故障和人为原因是数据失效的主要原因。

根据数据被破坏的方式，数据失效分为物理损坏和逻辑损坏两种：前者导致失效后的数据彻底无法使用；后者表面上看来有的数据仍然可用，但数据间的关系出现错误。

往往，破坏性更大。

防止数据失效，有多种途径，如提高员工操作水平、购买品质优良的设备等。但最根本的方法还是建立完善的备份制度。

备份是系统文件和重要数据的一种安全策略，通过制作原始文件、数据的拷贝，可以在原始数据丢失或遭到破坏的情况下，利用备份把原始数据恢复出来，保证系统能够正常工作。在计算机系统中，所有与用户相关的数据都需要备份，不仅要对数据库中的用户数据进行备份，还需备份数据库的系统数据及存储用户信息的一般文件。

备份的目的就是恢复资源，最大限度地降低系统风险，保护系统最重要的数据资源。在系统出现问题后，可以利用数据备份来恢复整个系统，不仅包含用户数据，而且包含系统参数和环境参数等。

二、备份的层次

备份可分为三个层次：硬件级、软件级、人工级。

硬件级的备份是指用多余的硬件来保证系统的连续运行，如硬盘双工、双机容错等方式，如果一个硬件损坏，后备硬件马上能够接替其工作。但这种方式无法防止逻辑上的错误，如人为误操作、病毒、数据错误等，无法真正保护数据。硬件备份的作用实际上是保证系统在出现故障时能够连续运行，更应称为硬件容错，而非硬件备份。

软件级的备份是指将系统数据保存到其他介质上，当系统出错时可以将系统恢复到备份时的状态。由于这种备份是由软件来完成的，所以称为软件备份。当然，这种方法备份和恢复都要花费一定的时间，但这种方法可以完全防止逻辑错误，因为备份介质和计算机系统是分开的，错误不会复写到介质上。这就意味着只要保存足够长时间的历史数据，就一定能够恢复正确的数据。

人工级的备份虽然原始，却简单和有效。如果用文字记录下每一个操作，不愁恢复不了数据。但如果要用手工方式从头恢复所有数据，耗费的时间恐怕会令人难以忍受。

理想的备份系统是在软件备份的基础上增加硬件容错系统，使系统更加安全可靠。实际上，备份应包括文件 / 数据库备份和恢复、系统灾难恢复和备份任务管理。

三、备份的方式

备份有以下三种方式。

（一）全备份（Full Backup）

全备份指将系统中所有的数据信息全部备份。其优点是数据备份完整；缺点是备份系统所需的时间长，备份量大。

（二）增量备份（Incremental Backup）

增量备份指只备份上次备份后系统中变化过的数据信息。其优点是数据备份量少、时间短，缺点是恢复系统时间长。

（三）差分备份（Differential Backup）

差分备份指只备份上次完全备份以后变化过的数据信息。其优点是备份数据量适中，恢复系统时间短。

全备份所需时间最长，但恢复时间最短，操作最方便，当系统中的数据量不大时，采用全备份最可靠；但是随着数据量的不断增加，用户无法每天都进行全备份，而只能在周末进行全备份，其他时间可以采用所用时间更少的增量备份或介于两者之间的差分备份。各种备份的数据量不同：全备份 > 差分备份 > 增量备份。在备份时要根据它们的特点灵活使用。

四、与备份有关的概念

24 × 7 系统：有些企业的特性决定了计算机系统必须一天 24 小时、一周 7 天运行。这样的计算机系统被称为 24 × 7 系统。

备份窗口（backup window）：一个工作周期内留给备份系统进行备份的时间长度。如果备份窗口过小，则应努力提高备份速度。

故障点（point of failure）：计算机系统中所有可能影响日常操作和数据的部分。备份计划应覆盖尽可能多的故障点。

备份服务器（backup server）；在备份系统中连接备份介质的备份机。一般备份软件也运行在备份服务器上。

跨平台备份（cross-platform backup）：备份不同操作系统中的系统信息和数据的备份功能。跨平台备份有利于降低备份系统成本，进行统一管理。

备份代理程序（backup agent）：运行在异构平台上，与备份服务器通信从而实现跨平台备份的小程序。

推（push）技术：在进行备份时，为了提高备份效率，将备份数据打包然后

“推”给备份服务器的技术。在备份窗口较小的情况下可以使用推技术。

并行流处理（parallel streaming）；从备份服务器同时向多个备份介质同时备份的技术。在备份窗口较小的情况下可以使用并行流技术。

备份介质轮换（media rotation）：轮流使用备份介质的策略，好的轮换策略能够避免备份介质被过于频繁地使用，以提高备份介质的寿命。

五、备份技术与备份方法

（一）硬件备份技术

目前采用的备份措施在硬件一级有磁盘镜像、磁盘双工、磁盘阵列及双机容错等。

1. 磁盘镜像（mirroring）

磁盘镜像技术即在同一硬盘控制卡上安装两个完全相同的硬盘，操作时将一个设置为主盘（master disk），另一个设置为镜像盘或者从盘（slaver disk）。当系统写入数据时，会分别存入两个硬盘中，两个硬盘中保存有完全相同的数据。一旦一个硬盘损坏，另一个硬盘会继续工作，并且两个硬盘都采用写后读校验。当一个硬盘发生故障时，镜像盘可以继续工作，并发出警告，提醒管理员维修或更换硬盘。磁盘镜像具有很好的容错能力，可以防止单个硬盘的物理损坏，但无法防止逻辑损坏。

2. 磁盘双工

磁盘镜像技术可以保证一个磁盘损坏后系统仍能正常工作，但如果服务器通道发生故障或电源系统出现故障，磁盘镜像就无能为力了。磁盘双工可以很好地解决这个问题，它将两个硬盘分别接在两个通道上，每个通道都有自己独立的控制器和电源系统，当一个磁盘、通道或电源系统发生故障时，系统会自动使用另一个通道的磁盘而不影响系统的正常工作。磁盘双工不仅对系统具有很强的数据保护能力，而且由于这两个硬盘上的数据完全一样，服务器还可以利用两个硬盘通道并行执行查找功能，从而提高系统的响应速度。

3. 磁盘阵列（disk array）

过去几年来，CPU 的处理速度增加了几十倍，内存（memory）的存取速度亦大幅增加，而数据储存装置——磁盘（hard disk）的存取速度只增加了三四倍，形成了计算机系统发展的瓶颈，拉低了计算机系统的整体性能。若不能有效地提升磁盘的存取速度，CPU、内存及磁盘间的不平衡将使 CPU 及内存的改进形成浪费。

如何提升磁盘的存取速度，如何防止数据因磁盘的故障而丢失及如何有效地利用磁盘空间，一直是计算机专业人员和用户不断研究的问题。目前，改进磁盘存取速度的方式主要有两种。其一是磁盘高速缓存控制（disk cache controller），它将从磁盘读取的数据存在高速缓存（cache memory）中以减少磁盘存取的次数，数据的读写都在高速缓存中进行，大幅提升了存取的速度。当要读取的数据不在高速缓存中，或要写数据到磁盘中时，才做磁盘的存取动作。这种方式在单工环境（single-tasking environment）如 DOS 之下，对大量数据的存取有很好的性能（量小且频繁的存取则不然）；但在多工（multi-tasking）环境之下，因为要不停地做数据交换的动作，对数据库的存取（因为每一条记录都很小）就不能显示其性能，这种方式没有任何安全保障。其二是使用磁盘阵列技术。磁盘阵列是把多个物理磁盘驱动器连接在一起组织成一个大容量高速逻辑磁盘进行协同工作，它将数据以分段的方式储存在不同的磁盘中，存取数据时，阵列中的相关磁盘一起动作，大大地提高了磁盘存储容量及数据读写与传输速度，大幅缩短了数据的存取时间。同时，磁盘系统特有的容错功能能对损坏的数据进行自动恢复，以确保磁盘数据的安全，从而有效地管理磁盘，提高磁盘空间利用率。

4. 双机容错

双机容错的目的在于保证数据永不丢失和系统永不停机，其采用智能型磁盘阵列柜解决了数据永不丢失的问题，采用双机容错软件解决了系统永不停机的问题。双机容错的基本架构共分两种模式。

（1）双机互备援（dual active）：两台主机均为工作机，在正常情况下，两台工作机均为系统提供支持，并互相监视对方的运行情况。当一台主机出现异常，不能支持信息系统正常运行时，另一台主机则主动接管异常机的工作，继续支持系统的运行，从而保证系统能够不间断地运行，达到不停机的目的。但此时正常主机的负载会有所增加，必须尽快将异常机修复以缩短正常机负载持续的时间。当异常机经过维修恢复正常后，系统管理员通过管理命令，可以将正常机所接管的工作切换回已修复的异常机。

（2）双机热备份（hot standby）：又称为在线守候，就是指一台主机作为工作机（primary server），另一台主机作为备份机（standby server）。在系统正常的情况下，工作机为系统提供支持，备份机监视工作机的运行情况；当工作机出现异常，不能支持系统运行时，备份机主动接管工作机的工作，继续支持系统的运行，从而保证系统能够不间断地运行。当工作机经过维修恢复正常后，系统管理人员通过管理命令或经由 shell 程序以人工或自动的方式将备份机的工作切换回工作机，或启动监视程序监视备份的运行情况，这样原来的备份机就成了工作机，原来的工作机就成了备份机。

SFT Ⅲ、Standby、Cluster 都属于双机容错的范畴。双机容错可以防止单台计算机的物理损坏，但无法防止逻辑损坏。

（二）软件备份技术

在任何系统中，软件的功能和作用都是核心所在，备份系统也不例外。磁带设备等硬件提供了备份系统的基础，但硬件备份不能代替数据存储备份，若发生人为的错误，由此引起的数据丢失也就无法恢复了。实际上，具体的备份策略的制定、备份介质的管理及一些扩展功能的实现，都是由备份软件来最终完成的。备份软件的功能和作用主要包括磁带驱动器的管理、磁带库的管理、备份数据的管理等。

理想的备份系统应该是全方位、多层次的。首先，要使用硬件备份来防止硬件故障；其次，如果是软件故障或人为误操作造成了数据的逻辑损坏，则可利用软件方式和手工方式相结合的办法来恢复。事实证明，只有采取硬件备份和很好的管理软件相结合，才能为人们提供安全的数据保护。

（三）利用网络备份

数据是无形的资产，所以备份非常重要。在计算机应用十分普及的今天，数据备份的重要性已深入人心。传统的备份只是将日常业务记录以文件的方式拷贝下来，或保存在另一台机器设备中。然而，一旦网络系统出现故障或灾难，仅仅依靠这些数据备份来恢复网络工作是远远不够的。这是因为数据拷贝无法使文件留下历史记录以做追踪，亦无法留下网络系统的 NDS 和 Register 等信息，尤其是今天的一些大型企业业务网络已发展成包含 NetWare、Windows NT 和 UNIX 等系统在内的多平台实时作业系统，网络系统的备份和恢复更加复杂和困难。

其次，通过个人主页存储空间备份也是很好的备份选择之一。目前，很多网站都提供免费的个人主页空间，当用户建立了自己的个人主页之后，就可以使用 FTP 服务或其他的页面管理工具将文件上传到服务器上，然后将文件放入相应的备份目录中，这样就完成了文件的备份工作，日后，当用户需要该文件时，就可以利用 FTP 工具从服务器上下载文件。

利用网络资源进行备份不需要更多的存储设备，用户只要简单地从网上将备份文件下载下来就能解决问题，是一种既方便又快捷的备份方法。随着 Internet 的不断发展，相信会有越来越多的人利用网络进行备份，也会有越来越多的备份方法涌现出来。

（四）备份软件

1.Ghost

Ghost 以功能强大、使用方便著称，成为硬盘备份和恢复类软件中常用的最软件。Ghost 软件是大名鼎鼎的赛门铁克（Symantec）公司的一个拳头软件，Ghost 是“General Hardware Oriented System Transfer”的英文缩写，意思是“面向通用型硬件传送软件”。Ghost 基本上属于免费软件，很多主板厂商都随产品附送，用户只要从随机光盘中将有关文件拷贝到硬盘（注意不要将它拷贝到 C 盘，应该将它拷贝到 D 盘或 E 盘）或软盘中就可以了。它的文件不多且体积比较小，主文件 Ghost.exe 仅 597 KB，一张启动盘就可装下。要使用 Ghost 的功能，至少要将硬盘分为两个区，而且准备存储映像文件的分区最好比系统区稍大一些。

Ghost 工作的基本方法不同于其他的备份软件，它是将硬盘的一个分区或整个硬盘作为一个对象来操作，可以完整地复制对象（包括对象的硬盘分区信息、操作系统的引导区信息等），并打包、压缩成为一个映像文件（Image），并在需要的时候，把该映像文件恢复到对应的分区或对应的硬盘中。它的功能包括两个硬盘之间的对拷、两个硬盘的分区对拷、两台计算机之间的硬盘对拷、制作硬盘的映像文件等，人们用得比较多的是分区备份功能，它能够将硬盘的一个分区压缩备份成映像文件，然后存储在另一个分区或大容量软盘中，万一原来的分区发生问题，就可以将所备件的映像文件拷贝回去，让分区恢复正常。基于此，可以利用 Ghost 来备份系统和完全恢复系统。对于学校和网吧，使用 Ghost 软件进行硬盘对拷可迅速、方便地实现系统的快速安装和恢复，而且维护起来也比较容易。

2.Smart Backu（智能备份）

Smart Backu 软件所支持的数据备份类型十分广泛，具体来说包括安装系统软件和应用软件形成的文件；计算机自动生成或用户添加形成的个人信息、计算机使用者个人积累和编辑的文件。Smart Backu 除了具有常规的备份 / 恢复数据文件的功能，还引入了计划任务的概念，使程序可以在预定的时间提醒使用者备份文件。

数据备份是容灾的基础，是指为防止系统出现操作失误或系统故障导致数据丢失，而将全部或部分数据集合从应用主机的硬盘或阵列复制到其它的存储介质的过程。传统的数据备份主要是采用内置或外置的磁带机进行冷备份。但是这种方式只能防止操作失误等人为故障，而且其恢复时间也很长。随着技术的不断发展，数据的海量增加，不少的企业开始采用网络备份。网络备份一般通过专业的数据存储管理软件结合相应的硬件和存储设备来实现。

第二节　认证与数字签名

信息的可认证性是信息安全的另一个重要方面。认证的目的有两个：一个是验证信息发送者的真实性，确认其没有被冒充；另一个是验证信息的完整性，确认被验证的信息在传递或存储过程中没有被篡改、重组或延迟。

认证是防止攻击者对系统进行主动攻击（如伪造、篡改信息等）的一种重要技术。认证技术主要包括数字签名、身份识别和信息的完整性校验等技术。在认证体制中，通常存在一个可信的第三方，用于仲裁、颁发证书和管理某些机密信息。

在日常生活中，人们经常需要签署各种信件和文书，传统上都是用手写签名或加盖印章，签名的作用是认证、核准和生效。随着信息时代的来临，人们希望对越来越多的电子文件进行迅速的、远距离的签名，这就是数字签名。

一、信息认证技术

（一）信息认证技术简介

常用的信息认证技术主要有数字摘要、数字信封、数字签名、数字时间戳（DTS）及数字证书等。

1. 数字摘要（报文摘要）

数字摘要是采用单向哈希（hash）函数（也称“散列函数”）对文件中的若干重要元素进行某种变换运算得到固定长度的摘要码，并在传输信息时将之加入文件中一同传送给接收方；接收方收到文件后用相同的方法进行变换运算，若得到的结果与发送来的摘要码相同，则可断定文件未被篡改，反之亦然。

2. 数字信封

数字信封是用加密技术来保证只有规定的特定收信人才能阅读信的内容。在数字信封中，信息发送方采用对称密钥来加密信息，然后将此对称密钥用接收方的公开密钥来加密（这部分称为数字信封）之后，将它和信息一起发送给接收方。接收方先用相应的私有密钥打开数字信封，得到对称密钥，然后使用对称密钥解开信息。这种技术的安全性相当高。

3. 数字签名

在日常生活中，通常用对某一文档进行签名的方式来保证文档的真实有效性，防止其抵赖。在网络环境中，可以用电子数字签名作为模拟。

把 Hash 函数和公钥算法结合起来，可以在提供数据完整性的同时保证数据的真实性。完整性保证传输的数据没有被修改；而真实性则保证是由确定的合法者产生的 Hash，而不是由其他人假冒的。把这两种机制结合起来就可以产生数字签名。

4. 数字时间戳

在书面合同中，文件签署的日期和签名一样均是防止文件被伪造和篡改的关键性内容。而在电子交易中，同样需要对交易文件的日期和时间信息采取安全措施，数字时间戳服务就能提供电子文件发表时间的安全保护。数字时间戳服务是网络安全服务项目，由专门的机构提供。时间戳是一个经加密后形成的凭证文档，它包括三个部分：需加时间戳的文件的摘要、DTS 收到文件的日期和时间、DTS 的数字签名。

5. 数字证书

在交易支付过程中，参与各方必须利用认证中心签发的数字证书来证明各自的身份。所谓数字证书，就是用电子手段来证实一个用户的身份及用户对网络资源的访问权限。

数字证书是唯一用来确认安全电子商务交易双方身份的工具。由于它由证书管理中心做了数字签名，因此任何第三方都无法修改证书的内容。任何信用卡持有人只有申请到相应的数字证书，才能参加安全电子商务的网上交易。数字证书一般有四种类型：客户证书、商家证书、网关证书及 CA 系统证书。

（二）报文摘要

信息的完整性校验是指信息的接收者能够检验收到的信息是否真实。校验的内容包括信息的来源、信息的内容是否被篡改、信息是否被重放。信息的完整性校验经常通过散列技术来实现。散列函数可以把任意长度的输入串变化成固定长度的输出串，它是一种单向函数，根据输出结果很难求出输入值，并且可以破坏原有数据的数据结构。因此，散列函数不仅应用于信息的完整性校验，而且经常应用于数字签名。

1. 散列函数的用途

（1）验证数据的完整性：发送方将数据报文和报文摘要一同发送，接收方比较报文摘要与发来的数据报文，相同则说明数据报文未经修改。由于在报文摘要的计算过程中一般将一个双方共享的秘密信息连接实际报文一同参与摘要的计算，不知道秘密信息将很难伪造一个匹配的摘要，因此保证了接收方可以辨认出伪造或篡改过的报文。

（2）用户认证：该功能实际上是验证数据的完整性功能的延伸。当一方希望验证对方，但又不希望验证秘密在网络上传送时，可以发送一段随机报文，要求对方将秘密信息连接该报文并做摘要后发回，接收方可以通过验证摘要是否正确来确定对方是否拥有秘密信息，从而达到验证对方的目的。

2. 散列函数的要求

散列函数的要求如下。

（1）接收的输入报文数据没有长度限制。

（2）对任何输入报文数据生成固定长度的摘要（数字指纹）输出。

（3）由报文能方便地算出摘要。

（4）难以对指定的摘要生成一个报文，由该报文可以得出指定的摘要。

（5）难以生成两个具有相同摘要的不同报文。

3. 报文摘要算法

报文摘要算法（message digest algorithms）即采用单向 Hash 算法将需要加密的明文进行摘要，从而产生具有固定长度的单向散列值。其中，散列函数是将一个不同长度的报文转换成一个数字串（报文摘要）的公式，该函数不需要密钥，公式决定了报文摘要的长度。报文摘要和非对称加密一起提供数字签名的方法。

报文摘要算法主要有安全散列算法、MDx 散列算法。

安全散列算法（secure hash algorithm, SHA）产生 160 位的散列值。SHA 已经被美国政府核准作为标准，即 FIPS 180-1 secure hash standard（SHS），FIPS 规定必须用 SHS 实施数字签名算法。在产生与证实数字签名过程中用到的 Hash 函数也有相应的标准。

MDx 散列算法包括 MD2、MD4、MD5，是由 RSA 创始人罗纳德·林恩·李维斯特（Ponald Linn Rivest）发明的报文摘要算法。其中 MD2 最慢，MD4 最快，MD5 是 MD4 的一个变种。MD5 对 MD4 做了改进，计算速度比 MD4 稍慢，但安全性能得到了进一步改善。MD5 在计算中使用了 64 个 32 位常数，最终生成一个 128 位的散列值。

二、数字签名

数字签名与传统的手写签名有很大的差别。首先，手写签名是被签署文件的物理组成部分，而数字签名不是；其次，手写签名不易拷贝，而数字签名正好相反，因此必须阻止一个数字签名被重复使用；最后，手写签名通过与一个真实的手写签名比较来进行验证，而数字签名通过一个公开的验证算法来验证。

数字签名的签名算法至少要满足以下条件：签名者事后不能否认；接收者只能验证；任何人都不能伪造（包括接收者）；双方对签名的真伪发生争执时，有第三方进行仲裁。

（一）数字签名的基本概念

数字签名就是通过一个单向函数对要传送的报文进行处理得到的用以认证报文来源并核实报文是否发生变化的一个字母数字串。用这个字符串来代替书写签名或印章，能够起到与书写签名或印章同样的法律效用。国际社会已开始制定相应的法律、法规，把数字签名作为执法的依据。

目前的数字签名（digital signature）建立在公开密钥体制基础上，它是公开密钥加密技术的另一类应用。

其使用方式：报文的发送方从报文文本中生成一个128位或160位的单向散列值（或报文摘要），并用自己的私有密钥对这个散列值进行加密，形成发送方的数字签名，然后将这个数字签名作为报文的附件和报文一起发送给报文的接收方。报文的接收方首先从接收到的原始报文中计算出散列值（或报文摘要），接着再用发送方的公开密钥来对报文附加的数字签名进行解密，如果这两个散列值相同，那么接收方就能确认该数字签名是发送方的。

通过数字签名能够实现对原始报文的鉴别与验证，保证报文的完整性、权威性和发送者对所发报文的不可抵赖性。数字签名机制提供了一种鉴别方法，普遍用于银行、电子贸易等，以解决伪造、抵赖、冒充、篡改等问题。

数字签名与数据加密完全独立。数据可以既签名又加密，或只签名、只加密，也可以既不签名也不加密。

1. 数字签名应具有的性质

一种完善的数字签名应满足以下三个条件。

（1）签名者事后不能否认自己的签名。

（2）其他任何人均不能伪造签名，也不能对接收或发送的信息进行篡改、伪造和冒充。

（3）签名必须能够由第三方验证，以解决争议。

2. 数字签名的设计要求

（1）签名必须是依赖于被签名信息的一个位串模式。

（2）签名必须使用某些对发送者来说是唯一的信息，以防止双方的伪造与否认。

（3）生成该数字签名必须相对容易。

（4）识别和验证该数字签名必须相对容易。

（5）伪造该数字签名在计算复杂性意义上具有不可行性，既包括对一个已有的数字签名构造新的消息，也包括对一个给定消息伪造一个数字签名。

（6）在存储器中保存一个数字签名副本应是现实可行的。

3. 数字签名分类

（1）按方式分为直接数字签名（direct digital signature）和仲裁数字签名

（arbitrated digital signature）。

（2）按安全性分为无条件安全的数字签名和计算上安全的数字签名。

（3）按可签名次数分为一次性的数字签名和多次性的数字签名。

（二）数字签名算法

实现数字签名有很多方法，目前数字签名采用较多的是公钥加密技术，如基于 RSA Data Security 公司的 PKCS（public key cryptography standards）、数学签名算法（digital signature algorithm，DSA）、X.509、PGP（pretty good privacy）。1994 年美国国家标准学会公布了数字签名标准（DSS）而使公钥加密技术广泛应用。同时，应用散列算法也是实现数字签名的一种方法。

应用广泛的数字签名方法主要有三种，即 RSA 签名、DSS 签名和 Hash 签名。这三种算法可单独使用，也可综合在一起使用，但三种技术或多或少都有缺陷，或者没有成熟的标准。

1.Hash 签名

Hash 签名不属于强计算密集型算法，应用较广泛。很多少量现金付款系统，如 DEC 的 Millicent 微支付和 CyberCash 的 CyberCoin 电子钱包等都使用 Hash 签名。使用较快的算法可以降低服务器资源的消耗，减轻中央服务器的负荷。Hash 签名的主要局限是接收方必须持有用户密钥的副本以检验签名，因为双方都知道生成签名的密钥，所以较容易被攻破，存在伪造签名的可能。如果中央或用户计算机中有一个被攻破，那么其安全性就受到了威胁。

2.RSA 签名

用 RSA 签名或其他公开密钥密码算法最大的方便是没有密钥分配问题（网络越复杂、网络用户越多，其优点越明显）。因为公开密钥加密使用两个不同的密钥，其中有一个是公开的，另一个是保密的。公开密钥可以保存在系统目录内、未加密的电子邮件信息中、电话黄页（商业电话）上或公告牌里，网上的任何用户都可获得公开密钥。而私有密钥是用户专用的，由用户本身持有，它可以对由公开密钥加密的信息进行解密。

3.DSS 签名

DSS 签名是由美国国家标准与技术研究院和国家安全局共同开发的。由于它是由美国政府颁布实施的，主要用于与美国政府做生意的公司，其他公司则较少使用。

DSS签名和RSA签名采用了公钥算法，不存在Hash签名的局限性。和Hash签名相比，在公钥系统中，生成DSS签名和PSA签名的密钥只存储于用户的计算机中，因此安全系数大一些。

三、数字证书

（一）数字证书的含义

数字证书就是互联网通信中标志通信各方身份信息的一系列数据，提供了一种在Internet上验证用户身份的方式，其作用类似于司机的驾驶执照或日常生活中的身份证。它是由一个权威机构——证书授权中心（certificate authority, CA）中心发行的，CA是负责签发证书、认证证书、管理已颁发的证书的机关，它要制定策略和具体步骤来验证、识别用户身份，并对用户证书进行签名，以确保证书持有者的身份和公钥的拥有权，CA也拥有一个证书（内含公钥）和私钥。网上的公众用户通过验证CA的签字从而信任CA，任何人都可以得到CA的证书（含公钥），用以验证它所签发的证书。

如果用户想得到一份属于自己的证书，应先向CA提出申请。在CA判明申请者的身份后，便为他分配一个公钥，并且CA将该公钥与申请者的身份信息绑在一起，为之签字后形成证书发给申请者。如果一个用户想鉴别另一个证书的真伪，就要用CA的公钥对那个证书上的签字进行验证，一旦验证通过，该证书就被认为是有效的。人们可以在网上用它来识别对方的身份。

从证书的用途来看，数字证书可分为签名证书和加密证书。签名证书主要用于对用户信息进行签名，以保证信息的不可否认性；加密证书主要用于对用户传送的信息进行加密，以保证信息的真实性和完整性。

数字证书是一个经证书授权中心数字签名的包含公开密钥拥有者信息及公开密钥的文件。最简单的证书包含公开密钥、名称及证书授权中心的数字签名。一般情况下，证书中还包括密钥的有效时间、发证机关（证书授权中心）的名称、该证书的序列号等信息，证书的格式遵循ITU-T X.509国际标准。

一个标准的X.509数字证书包含以下一些内容。

（1）证书的版本信息。

（2）证书的序列号，每个证书都有一个唯一的证书序列号。

（3）证书所使用的签名算法。

（4）证书的发行机构名称，命名规则一般采用 X.500 格式。

（5）证书的有效期，现在通用的证书一般采用 UTC 时间格式，它的计时范围为 1950~2049。

（6）证书所有人的名称，命名规则一般采用 X.500 格式。

（7）证书所有人的公开密钥。

（8）证书发行者对证书的签名。

（二）使用数字证书的必要性

基于 Internet 的电子商务技术使在网上购物的顾客能够极其方便地获得商家和企业的信息，但同时也增加了某些敏感或有价值的数据被滥用的风险。买方和卖方都必须保证在 Internet 上进行的一切金融交易运作都是真实可靠的，并且要使顾客、商家和企业等交易各方都具有绝对的信心，因而 Internet 电子商务系统必须保证具有十分可靠的安全保密技术。也就是说，必须保证网络安全的四大要素，即信息传输的保密性、数据交换的完整性、发送信息的不可否认性、交易者身份的确定性。

1. 信息的保密性

交易中的商务信息均有保密的要求。例如：信用卡的账号等信息被人知悉，就可能被盗用；订货和付款的信息被竞争对手获悉，就可能丧失商机。因此，在电子商务的信息传播中一般均有加密的要求。

2. 交易者身份的确定性

网上交易的双方很可能素昧平生、相隔千里，要使交易成功首先要能确认对方的身份，这是交易的前提。对于为顾客或用户提供服务的银行、信用卡公司和销售商店，为了做到安全、保密、可靠地开展服务活动，必须进行身份认证的工作。

对有关的销售商店来说，它们不知道顾客所用的信用卡的相关账户信息，商店只能把信用卡的确认工作完全交给银行来完成。银行和信用卡公司可以采用各种保密与识别方法，确认顾客的身份是否合法，同时还要防止发生拒付款问题，并确认订货和订货收据信息等。

3. 不可否认性

由于商情千变万化，交易一旦达成就不能被否认，否则必然会损害一方的利益。例如订购黄金，订货时金价较低，但收到订单后金价上涨了，如收单方能否认收到订单的实际时间，甚至否认收到订单的事实，则订货方就会蒙受损失。因此，电子交易通信过程的各个环节都必须是不可否认的。

4. 不可修改性

交易的文件是不可被修改的，如上例中的供货单位在收到订单后，发现金价大幅上涨了，如其能改动文件内容，将订购数 1kg 改为 1g，则可大幅受益，那么订货单位就会因此而蒙受损失。因此电子交易文件也要做到不可修改，以保障交易的严肃和公正。

人们在感叹电子商务的巨大潜力的同时，也在冷静地思考，在人与人互不见面的互联网上进行交易时，怎么才能保证交易的公正性和安全性，保证交易双方身份的真实性。国际上已经有比较成熟的安全解决方案，那就是建立安全证书体系结构。数字安全证书提供了一种在网上验证身份的方式。安全证书体制主要采用了公开密钥体制，其他还包括对称密钥加密、数字签名、数字信封等技术。

人们可以使用数字证书，通过使用对称和非对称密码体制等密码技术建立起一套严密的身份认证系统，从而保证信息除发送方和接收方外不被其他人窃取，信息在传输过程中不被篡改，发送方能够通过数字证书来确认接收方的身份，发送方对于自己的信息不能抵赖。

用户也可以利用自己的私钥对信息加以处理，由于密钥仅为本人所有，这样就产生了别人无法生成的文件，也就形成了数字签名。

（三）证书与证书授权中心

CA 作为电子商务交易中受信任的第三方，承担公钥体系中公钥的合法性检验的责任。CA 为每个使用公开密钥的用户发放一个数字证书，数字证书的作用是证明证书中列出的用户合法拥有证书中列出的公开密钥。CA 的数字签名使得攻击者不能伪造和篡改证书。它负责产生、分配并管理所有参与网上交易的个体所需的数字证书，因此是安全电子交易的核心环节。

由此可见，建设证书授（CA）中心是开拓和规范电子商务市场必不可少的一步。为保证用户之间在网上传递信息的安全性、真实性、可靠性、完整性和不可抵赖性，不仅需要对用户身份的真实性进行验证，也需要有一个具有权威性、公正性、唯一性的机构，负责向电子商务的各个主体颁发并管理符合国内、国际安全电子交易协议标准的电子商务安全证书。

每一份数字证书都与上一级的数字签名证书相关联，最终通过安全链追溯到一个已知的并被广泛认为是安全、权威、足以信赖的机构认证中心（根 CA）。

电子交易的各方都必须拥有合法的身份，即由 CA 签发的数字证书，在交易的各个环节，交易的各方都需检验对方数字证书的有效性，从而解决用户信任问题。CA 涉及电子交易中各交易方的身份信息、严格的加密技术和认证程序。基于其牢固的安全机制，CA 应用可扩大到一切有安全要求的网上数据传输服务。

数字证书认证解决了网上交易和结算中的安全问题，其中包括：建立电子商务各主体之间的信任关系，即建立 CA；选择安全标准，如 SET、SSL；采用高强度的加 / 解密技术。其中，安全认证体系的建立是关键，它决定了网上交易和结算能否安全进行。因此，数字证书认证中心机构的建立对电子商务的开展具有非常重要的意义。

CA 是电子商务体系中的核心环节，是电子交易中信赖的基础。它通过自身的注册审核体系检查、核实进行证书申请的用户身份和各项相关信息，使网上交易的用户属性的真实性与证书的真实性一致。

概括地说，CA 的功能有证书发放、证书更新、证书撤销和证书验证。CA 的核心功能就是发放和管理数字证书。

为了实现其功能，CA 主要由以下三部分组成：

1. 注册服务器

通过 Web Server 建立的站点，注册服务可为客户提供 24 小时的服务。因此，客户可在自己方便的时候在网上提出证书申请和填写相应的证书申请表，免去了排队等候等烦恼。

2. 证书申请受理和审核机构

证书申请受理和审核机构的主要功能是受理客户证书申请并进行审核。

3. 认证中心服务器

认证中心服务器是数字证书生成、发放的运行实体，同时提供发放证书的管理、证书废止列表（CRL）的生成和处理等服务。

（四）数字证书的工作流程

每一个用户都有一个各不相同的名字，由一个可信的 CA 给每个用户分配一个唯一的名字，并签发一个包含名字和用户公开密钥的证书。

如果甲想和乙通信，他首先必须从数据库中取得乙的证书，然后对它进行验证。如果他们使用相同的CA，事情就很简单了，甲只需验证乙证书上CA的签名；如果他们使用不同的CA，问题就复杂了，甲必须从CA的树形结构底部开始，从底层CA向上层CA查询，一直追踪到同一个CA为止，找出共同的信任CA。

证书可以存储在网络中的数据库中。用户可以利用网络彼此交换证书。当证书撤销后，它将从证书目录中删除，然而签发此证书的CA仍保留此证书的副本，以备解决日后可能发生的纠纷。

如果用户的密钥或CA的密钥被破坏，可能会导致证书被撤销。每一个CA都必须保留一个已经撤销但还没有过期的CRL。当甲收到一个新证书时，首先应该从CRL中检查证书是否已经被撤销。

现有持证人甲向持证人乙传送数字信息，为了保证信息传送的真实性、完整性和不可否认性，需要对要传送的信息进行数字加密和数字签名，其传送过程如下。

（1）甲准备好要传送的数字信息（明文）。

（2）甲对数字信息进行哈希运算，得到一个信息摘要。

（3）甲用自己的私钥（SK）对信息摘要进行加密，得到甲的数字签名，并将其附在数字信息上。

（4）甲随机产生一个加密密钥[数据加密标准（data encryption standard, DES）密钥]，并用此密钥对要发送的信息进行加密，形成密文。

（5）甲用乙的公钥（PK）对刚才随机产生的加密密钥进行加密，将加密后的DES密钥连同密文一起传送给乙。

（6）乙收到甲传送过来的密文和加过密的DES密钥，先用自己的SK对加密的DES密钥进行解密，得到DES密钥。

（7）乙用DES密钥对收到的密文进行解密，得到明文的数字信息，然后将DES密钥抛弃（即DES密钥作废）。

（8）乙用甲的PK对甲的数字签名进行解密，得到信息摘要。乙用相同的hash算法对收到的明文再进行一次hash运算，得到一个新的信息摘要。

（9）乙将收到的信息摘要和新产生的信息摘要进行比较，如果一致，说明收到的信息没有被修改过。

（五）数字证书的应用

数字安全证书主要应用于电子政务、网上购物、企业与企业的电子贸易、安全电子邮件、网上证券交易、网上银行等方面。CA还可以与企业代码证中心合作，将企业代码证和企业数字安全证书一体化，为企业进行网上交易、网上报税、网上报关、网上作业奠定基础，免去企业面对众多的窗口服务的负担。

1. 网上交易

利用数字安全证书的认证技术对交易双方进行身份确认及资质的审核，确保交易者信息的唯一性和不可抵赖性，保护了交易各方的利益，实现了安全交易。

2. 网上办公

网上办公系统综合政府部门和企事业单位的办公特点，提供了一个虚拟的办公环境，并在该系统中嵌入数字认证技术，进行网上政文的上传下达，通过网络联结各个岗位的工作人员，通过数字安全证书进行数字加密和数字签名，实行跨部门运作，实现安全便捷的网上办公。

3. 网上招标

以往的招投标受时间、地域、人文的影响，存在着许多弊端。而实行网上公开招投标，经贸委利用数字安全证书对企业进行身份确认，招投标企业只有在通过经贸委的身份和资质审核后，才可在网上开展招投标活动，从而确保了招投标企业的安全性和合法性。双方企业能够通过安全网络通道了解和确认对方的信息，选择符合自己条件的合作伙伴，确保网上的招投标在一种安全、透明、信任、合法、高效的环境下进行。通过网上招投标系统，企业能够制定正确的投资取向，根据自身的实际情况选择合适的合作者。

4. 网上报税

利用基于数字安全证书的用户身份认证技术对网上报税系统中的申报数据进行数字签名，确保申报数据的完整性，确认系统用户的真实身份和申报数据的真实来源，防止出现抵赖行为和伪造、篡改数据行为。利用基于数字安全证书的安全通信协议技术，对网络上传输的机密信息进行加密，可以防止商业机密或其他敏感信息泄露。

5. 安全电子邮件

邮件的发送方利用接收方的公开密钥对邮件进行加密，邮件接收方用自己的私有密钥解密，确保了邮件在传输过程中信息的安全性、完整性和唯一性。

四、公钥基础设施

为解决 Internet 的安全问题，世界各国对其进行了多年的研究，初步形成了一套完整的 Internet 安全解决方案，即目前被广泛采用的公钥基础设施（public key infrastructure, PKI）技术。PKI 技术采用证书管理公钥，通过第三方的可信任机构 CA，把用户的公钥和用户的其他标识信息（如名称、E-mail、身份证号等）捆绑在一起，在 Internet 上验证用户的身份。目前，通用的办法是采用建立在 PKI 基础之上的数字证书，通过把要传输的数字信息进行加密和签名，保证信息传输的机密性、完整性和有效性，从而保证信息的安全传输。

（一）PKI 基础

PKI 是利用公开密钥理论和技术建立的提供安全服务的基础设施。所谓基础设施，就是在某个大环境下普遍适用的系统和准则。PKI 希望从技术上解决网上身份认证、电子信息的完整性和不可抵赖性等安全问题，为网络应用（如浏览器、电子邮件、电子交易）提供可靠的安全服务。

PKI 基础设施把公钥密码和对称密码结合起来，在 Internet 上实现密钥的自动管理，保证网上数据的安全传输。

从广义上讲，所有提供公钥加密和数字签名服务的系统都可叫作 PKI 系统，PKI 的主要目的是通过自动管理密钥和证书，为用户建立起一个安全的网络运行环境，使用户可以在多种应用环境下方便地使用加密和数字签名技术，从而保证网上数据的机密性、完整性、有效性。数据的机密性是指数据在传输过程中不能被非授权者偷看；数据的完整性是指数据在传输过程中不能被非法篡改；数据的有效性是指数据不能被否认。

简言之，PKI 就是提供公钥加密和数字签名服务的系统，目的是管理密钥和证书，保证网上数字信息传输的机密性、完整性和有效性。

（二）PKI 密码算法及应用

1. 单钥密码算法（加密）

单钥密码算法又称对称密码算法，是指加密密钥和解密密钥为同一密钥的密码算法。因此，信息的发送者和信息的接收者在进行信息的传输与处理时，必须共同持有该密码。在对称密钥密码算法中，加密运算与解密运算使用同样的密钥。通常，加密算法比较简便高效，密钥简短，破译极其困难。由于系统的保密性主要取决于密钥的安全性，所以在公开的计算机网络上安全地传送和保管密钥是一个严峻的问题。最典型的单钥密码算法是 DES 算法。

2. 双密钥算法（加密、签名）

双密钥算法又称公钥密码算法，是指加密密钥和解密密钥为两个不同密钥的密码算法。公钥密码算法不同于单钥密码算法，它使用了一对密钥，一个用于加密信息，另一个则用于解密信息，通信双方无须事先交换密钥就可进行保密通信。其中：加密密钥公之于众，谁都可以用；解密密钥只有解密人自己知道。这两个密钥之间是相互依存的关系，即用其中一个密钥加密的信息只能用另一个密钥进行解密。若将公钥作为加密密钥，将用户专用密钥（私钥）作为解密密钥，则可实现多个用户加密的信息只能由一个用户解读；反之，将用户私钥作为加密密钥而将公钥作为解密密钥，则可实现由一个用户加密的信息被多个用户解读。前者可用于数字加密，后者可用于数字签名。

在通过网络传输信息时，公钥密码算法体现出了单密钥加密算法不可替代的优越性。对于参加电子交易的商户来说，它们希望通过公开网络与成千上万的客户进行交易。若使用对称密码，则每个客户都需要由商户直接分配一个密码，并且密码的传输必须通过一个单独的安全通道。相反，在公钥密码算法中，同一个商户只需自己产生一对密钥，并且将公开密钥对外公开。客户只需用商户的公开密钥加密信息，就可以保证将信息安全地传送给商户。

公钥密码算法中的密钥依据性质划分，可分为公钥和私钥两种。用户产生一对密钥后：将其中的一个向外界公开，称为公钥；另一个自己保留，称为私钥。凡是获悉用户公钥的人若想向用户传送信息，只需用用户的公钥对信息加密，将信息密文传送给用户便可。因为公钥与私钥之间存在依存关系，在用户安全保存私钥的前提下，只有用户本身才能解密该信息，任何未受用户授权的人，包括信息的发送者都无法将此信息解密。

RSA 公钥密码算法是一种公认十分安全的公钥密码算法。RSA 公钥密码算法是目前网络上进行保密通信和数字签名的最有效的安全算法。RSA 算法的安全性基于数论中大素数分解的困难性，所以 RSA 需采用足够大的整数。因子分解越困难，密码就越难以破译，加密强度就越高。

RSA 既能用于加密又能用于数字签名，在已提出的公开密钥算法中，RSA 是最容易理解和实现的，也是最流行的。RSA 的安全基于大数分解的难度。

3. 公开密钥数字签名算法（签名）

是另一种公开密钥算法，它不能用作加密，只能用作数字签名。DSA 使用公开密钥，为接收者验证数据的完整性和数据发送者的身份。它也可用于由第三方去确定签名和所签数据的真实性。DSA 算法的安全性基于求解离散对数的困难性，这类签字标准具有较大的兼容性和适用性，成为网络安全体系的基本构件之一。

从上面的分析看，公钥密码技术可以提供网络中信息安全的全面解决方案。采用公钥技术的关键是如何确认某个人真正的公钥。在 PKI 中，为了确保用户及他所持有的密钥的正确性，公共密钥系统需要一个值得信赖而且独立的第三方机构充当 CA，来确认声称拥有公共密钥的人的真正身份。要确认一个公共密钥，CA 首先要制作一张“数字证书”，它包含用户身份的部分信息及用户所持有的公共密钥，然后 CA 利用本身的密钥为数字证书加上数字签名。CA 目前采用的标准是 X.509 V3。

任何想发放自己的公钥的用户，都可以去 CA 申请自己的证书。CA 在认证该用户的真实身份后，颁发包含用户公钥的数字证书，它包含用户的真实身份信息，并证实用户公钥的有效期和作用范围（用于交换密钥或数字签名）。其他用户只要能验证证书是真实的，并且信任颁发证书的 CA，就可以确认用户的公钥。

（三）密钥对的用法

本部分介绍 PKI 加密 / 签名体系是如何实现数据安全传输的。

加密密钥对：发送者欲将加密数据发送给接收者，首先要获取接收者的公钥，并用此公钥加密要发送的数据，即可发送；接收者在收到数据后，只需使用自己的私钥即可将数据解密。在此过程中，如果发送的数据被非法截获，由于私钥并未上网传输，非法用户将无法将数据解密，更无法对文件做任何修改，从而确保了文件的机密性和完整性。

签名密钥对：过程与加密过程对应，接收者收到数据后，使用私钥对其签名并通过网络传输给发送者，发送者用公钥解开签名，由于私钥具有唯一性，可证实此签名信息确实为接收者发出。在此过程中，任何人都没有私钥，因此无法伪造接收方的签名或对其做任何形式的篡改，从而满足数据真实性和不可抵赖性的要求。

简言之：用于加密的密钥对用公钥加密，用私钥解密；用于签名的密钥对用私钥签名，用公钥验证。

（四）PKI 的基本组成

完整的 PKI 系统必须具有权威的 CA、数字证书库、密钥备份及恢复系统、证书作废系统、应用接口等基本组成部分，构建 PKI 也将围绕着这五大系统来着手构建。

1.CA

数字证书的申请及签发机关，CA 必须具备权威性。

2. 数字证书库

存储已签发的数字证书及公钥，用户可由此获得所需的其他用户的证书及公钥。

3. 密钥备份及恢复系统

如果用户丢失了用于解密数据的密钥，则数据将无法被解密，这将造成合法数据丢失的后果。为避免这种情况，PKI 提供备份与恢复密钥的机制。但要注意，密钥的备份与恢复必须由可信的机构来完成，并且密钥备份与恢复只能针对解密密钥，签名私钥为确保唯一性不能够备份。

4. 证书作废系统

证书作废处理系统是 PKI 的一个必备的组件。与日常生活中的各种身份证件一样，证书在有效期以内也可能需要作废，原因可能是密钥介质丢失或用户身份变更等。为实现这一点，PKI 必须提供作废证书的一系列机制。

5. 应用接口

PKI 的价值在于使用户能够方便地使用加密、数字签名等安全服务，因此一个完整的 PKI 必须提供良好的应用接口系统，使得各种各样的应用能够以安全、一致、可信的方式与 PKI 交互，确保安全网络环境的完整性和易用性。

第三节 入侵检测技术

随着技术的发展，网络日趋复杂，正是传统防火墙所暴露出来的不足和弱点，才引发了人们对入侵检测系统（intrusion detection system, IDS）技术的研究和开发。网络入侵检测系统可以弥补防火墙的不足，为网络安全提供实时的入侵检测及相应的防护手段，如记录证据用于跟踪、恢复、断开网络连接等。

入侵检测技术是近年来出现的一种主动保护用户免受黑客攻击的新型网络安全技术。什么是入侵检测呢？简单地说，从系统运行过程中或系统所处理的各种数据中查找出威胁系统安全的因素，并对威胁做出相应的处理，就是入侵检测。相应的软件或硬件称为入侵检测系统。入侵检测被认为是防火墙之后的第二道安全闸门，它在不影响网络性能的情况下对网络进行监测，从而提供对内部攻击、外部攻击和误操作的实时保护。

一、入侵检测技术概述

（一）入侵检测的作用和功能

入侵检测的作用主要有如下几个方面。

（1）若能迅速检测到入侵，则有可能在造成系统损坏或数据丢失之前识别并驱除入侵者。

（2）若能迅速检测到入侵，可以减少损失，使系统迅速恢复正常，同时对入侵者造成威胁，阻止其进一步的行动。

（3）通过入侵检测可以收集关于入侵的技术资料，可用于改进和增强系统抵抗入侵的能力。

入侵检测的功能有如下几个方面。

（1）监控、分析用户和系统的活动。

（2）核查系统配置和漏洞。

（3）评估关键系统和数据文件的完整性。

（4）识别攻击的活动模式并向网管人员报警。

（5）对异常活动进行统计分析。

（6）操作系统审计跟踪管理，识别违反安全策略的用户活动。

（7）评估重要系统和数据文件的完整性。

（二）入侵检测系统分类

随着入侵检测技术的发展，到目前为止出现了很多入侵检测系统，不同的入侵检测系统具有不同的特征。根据不同的分类标准，入侵检测系统可分为不同的类别。对于入侵检测系统，要考虑的因素（分类依据）主要有原始数据的来源、检测原理、体系结构等。下面就不同的分类依据及分类结果分别加以介绍。

1. 根据原始数据的来源分类

入侵检测系统要对其所监控的网络或主机的当前状态做出判断，需要以原始数据中包含的信息为基础。按照原始数据的来源，可以将入侵检测系统分为基于主机的入侵检测系统（HIDS）、基于网络的入侵检测系统（NIDS）和基于应用的入侵检测系统。

（1）基于主机的入侵检测系统：主要用于保护运行关键应用的服务器，通过监视与分析主机的审计记录和日志文件来检测入侵。日志中包含发生在系统上的不寻常和不期望活动的证据，这些证据可以指出有人正在入侵或已成功入侵了系统。通过查看日志文件，能够发现成功的入侵或入侵企图，并很快地启动相应的应急响应程序。通常，可以基于主机的 IDS 可监测系统、事件和 Windows NT 下的安全记录，以及 UNIX 环境下的系统记录中发现可疑行为。当有文件发生变化时，IDS 将新的记录条目与攻击标记相比较，看它们是否匹配。如果匹配，系统就会向管理员报警并向别的目标报告，以采取措施。对关键系统文件和可执行文件的入侵检测的一个常用方法，是通过定期检查校验来进行的，以便发现意外的变化。反应的快慢与轮询间隔的频率有直接的关系。此外，许多 IDS 还监听主机端口的活动，并在特定端口被访问时向管理员报警。

互联网演示和评估系统（Internet Demonstration and Evaluation System, IDES）独立于系统的特点使其拥有较强的可移植性。但是，如果对目标系统的弱点有充分的了解，就有利于建立更有效的入侵检测系统。IDES 对入侵的反应仅是向系统安全管理员发出警告，反应能力有限。

尽管基于主机的入侵检测系统不如基于网络的入侵检测系统快捷，但它确实具有基于网络的系统无法比拟的优点。这些优点包括以下几个方面。

①能确定攻击是否成功：主机是攻击的目的所在，所以基于主机的 IDS 使用含有已发生的事件信息，可以比基于网络的 IDS 更加准确地判断攻击是否成功。就这一方面而言，基于主机的 IDS 与基于网络的 IDS 互相补充，网络部分尽早提供针对攻击的警告，而主机部分则可确定攻击是否成功。

②监控粒度更细：基于主机的 IDS，监控的目标明确，视野集中，它可以检测一些基于网络的 IDS 不能检测的攻击。它可以很容易地监控系统的一些活动，如对敏感文件、目录、程序或端口的存取。例如，基于主机的 IDS 可以监督所有用户登录及退出登录的情况，以及每个用户在连接到网络以后的行为。它还可监视通常只有管理员才能实施的非正常行为。针对系统的一些活动有时并不通过网络传输数据，有时虽然通过网络传输数据但所传输的数据并不能提供足够多的信息，从而使得基于网络的系统检测不到这些行为，或者检测到这个程度非常困难。

③配置灵活：每一个主机都有其自己的基于主机的 IDS，用户可根据自己的实际情况对其进行配置。

④可用于加密及交换的环境：加密和交换设备加大了基于网络 IDS 收集信息的难度，但由于基于主机的 IDS 安装在要监控的主机上，根本不会受这些因素的影响。

⑤对网络流量不敏感：基于主机的 IDS 一般不会因为网络流量的增加而丢掉对网络行为的监视。

⑥不需要额外的硬件。

基于主机的入侵检测系统的主要缺点如下。

①它会占用主机的资源，在服务器上产生额外的负载。

②缺乏平台支持，可移植性差，因而应用范围受到严重限制。

在网络环境中，某些活动对于单个主机来说可能构不成入侵，但是对于整个网络来说是入侵活动。例如“旋转门柄”攻击，入侵者企图登录到网络主机，其对每台主机只试用一次用户 ID 和口令，并不穷尽搜索，如果不成功便转向其他主机。对于这种攻击方式，各主机上的入侵检测系统显然无法检测到，这就需要建立面向网络的入侵检测系统。

（2）基于网络的入侵检测系统：主要用于实时监控网络关键路径的信息，它通过侦听网络上的所有分组来采集数据，分析可疑现象。基于网络的入侵检测系统使用原始网络包作为数据源。基于网络的 IDS 通常利用一个运行在混杂模式下的网络适配器来实时监视，并分析通过网络的所有通信业务，当然也可能采用其他特殊硬件获得原始网络包。

基于网络的 IDS 有许多仅靠基于主机的入侵检测法无法提供的功能。实际上，许多客户在最初使用 IDS 时，都配置了基于网络的入侵检测。基于网络的检测有以下优点。

①监测速度快：基于网络的监测器通常能在微秒或毫秒级发现问题。而大多数基于主机的产品则要依靠对最近几分钟内审计记录的分析。

②隐蔽性好：网络上的监测器不像在主机上那样显眼和易被发现，因而也不那么容易遭受攻击。基于网络的监视器不运行其他的应用程序，不提供网络服务，可以不响应其他计算机，因此比较安全。

③视野更宽：可以检测一些主机检测不到的攻击，如泪滴（TearDrop）攻击、基于网络的 SYN 洪水攻击等，还可以检测不成功的攻击和恶意企图。

④较少的监测器：由于使用一个监测器就可以保护一个共享的网段，所以不需要很多的监测器。相反，如果基于主机，则在每个主机上都需要一个代理，这样的话费用昂贵，而且难以管理。但是，如果在一个交换环境下，就需要特殊的配置。

⑤攻击者不易转移证据：基于网络的 IDS 使用正在发生的网络通信进行实时攻击的检测，所以攻击者无法转移证据。被捕获的数据不仅包括攻击的方法，而且包括可识别黑客身份和对其进行起诉的信息。许多黑客都熟知审计记录，他们知道如何操纵这些文件掩盖他们的作案痕迹，以及如何阻止需要这些信息的基于主机的系统去检测入侵。

⑥操作系统无关性：基于网络的 IDS 作为安全监测资源，与主机的操作系统无关。与此相比，基于主机的系统必须在特定的、没有遭到破坏的操作系统中才能正常工作，生成有用的结果。

（3）基于应用的入侵检测系统：基于主机的入侵检测系统的一个特殊子集，或者基于主机入侵检测系统实现的进一步的细化，所以其特性、优缺点与基于主机的 IDS 基本相同。其主要特征是使用监控传感器在应用层收集信息。由于这种技术可以更准确地监控用户某一应用的行为，所以这种技术在日益流行的电子商务中越来越受到关注。它监控在某个软件应用程序中发生的活动，信息来源主要是应用程序的日志。它监控的内容更为具体，监控的对象更为狭窄。

这三种入侵检测系统具有互补性：基于网络的入侵检测能够客观地反映网络活动，特别是能够监视到系统审计的盲区；而基于主机的和基于应用的入侵检测能够更加精确地监视系统中的各种活动。实际系统大多是这三种系统的混合体。

2. 根据检测原理分类

传统的观点根据入侵行为的属性将其分为异常和误用两种，然后分别对其建立异常检测模型和误用检测模型。异常入侵检测是指能够根据异常行为和使用计算机资源的情况检测出来的入侵。异常入侵检测试图用定量的方式描述可以接受的行为特征，以区分非正常的、潜在的入侵行为。詹姆斯·安德森（James Anderson）做了如何通过识别"异常"行为来检测入侵的早期工作。他提出了一个威胁模型，将威胁分为外部闯入、内部渗透和不当行为三种类型，并使用这种分类方法开发了一个安全监视系统，可检测用户的异常行为。误用入侵检测是指利用已知系统和应用软件的弱点攻击模式来检测入侵。与异常入侵检测不同，误用入侵检测能直接检测不利的或不可接受的行为，而异常入侵检测是检查出与正常行为相违背的行为。综上，可根据系统所采用的检测模型，将入侵检测分为两类：异常检测和误用检测。

（1）异常检测：在异常检测中观察到的不是已知的入侵行为，而是通信过程中的异常现象，它通过检测系统的行为或使用情况的变化来完成。在建立该模型之前，首先必须建立统计概率模型，明确观察对象的正常情况，然后决定在何种程度上将一个行为标为"异常"，并如何做出具体决策。

（2）误用检测：在误用检测中，入侵过程模型及它在被观察系统中留下的踪迹是决策的基础。所以，可事先定义具有某些特征的行为是非法的，然后将观察对象与之进行比较以做出判别。误用检测基于已知的系统缺陷和入侵模式，故又称特征检测。它能够准确地检测到具有某些特征的攻击，但会过度依赖事先定义好的安全策略，所以无法检测未知的攻击行为，从而产生漏警。

3. 根据体系结构分类

按照体系结构，IDS 可分为集中式、等级式和协作式三种。

（1）集中式：这种结构的 IDS 可能有多个分布于不同主机上的审计程序，但只有一个中央入侵检测服务器，审计程序把收集到的数据发送给中央服务器进行分析处理。这种结构的 IDS 在可伸缩性、可配置性方面存在致命缺陷。随着网络规模的增大，主机审计程序和服务器传送的数据量骤增，导致网络性能大大降低。并且，一旦中央服务器出现故障，整个系统就会陷入瘫痪，根据各个主机的不同需求配置服务器也非常复杂。

（2）等级式：这种 IDS 定义了若干个分等级的监控区域，每个 IDS 负责一个区域，每一级 IDS 只负责所监控区的分析，然后将分析结果传送给上一级 IDS。这种结构也存在一些问题：首先，当网络拓扑结构改变时，区域分析结果的汇总机制也需要做相应的调整；其次，这种结构的 IDS 最后还是要把收集到的结果传送到最高级的检测服务器进行全局分析，所以系统的安全性并没有实质性的改进。

（3）协作式：将中央检测服务器的任务分配给多个基于主机的 IDS，这些 IDS 不分等级，各司其职，负责监控主机的某些活动。所以，其可伸缩性、安全性都得到了显著的提高，但维护成本却高了很多，并且增加了所监控主机的工作负荷，如通信机制、审计开销、踪迹分析等。

二、入侵检测的原理与模型

虽说入侵检测是一种复杂的技术，不同的入侵检测系统使用的技术可能不同，具有不同的应用范围，但是它们都有相同的检测原理。

（一）入侵检测原理

入侵检测与其他检测技术有同样的原理，即从一组数据中检测出符合某一特点的数据。攻击者进行攻击的时候会留下痕迹，这些痕迹和系统正常运行的时候产生的数据混在一起，入侵检测的任务就是从这些混合数据中找出入侵的痕迹，如果有入侵的痕迹就报警。

入侵检测一般包括以下两个步骤。

1. 信息收集

入侵检测的第一步是信息收集，收集的内容包括系统、网络、数据及用户活动的状态和行为。需要在计算机网络系统中的若干不同关键点收集信息，这样可以扩大检测的范围，而且有时候从一个源收集来的信息有可能看不出疑点，但从几个源收集来的信息的不一致性却是可疑行为或入侵的最好标识。

入侵检测利用的信息一般来自以下四个方面。

（1）系统日志：黑客经常在系统日志中留下踪迹，因此充分利用系统日志是检测入侵的必要条件。日志文件中记录了各种行为类型，每种类型又包含不同的信息，对用户活动来说，不正常的或不期望的行为显然就是重复登录失败、登录到错误的位置，以及非授权的企图访问重要文件等。

（2）目录及文件中的异常改变：网络环境中的文件系统包含很多软件和数据文件，包含重要信息的文件和私有数据文件经常是黑客修改或破坏的目标。

（3）程序执行中的异常行为：网络系统上的程序执行一般包括操作系统、网络服务、用户启动的程序和特定目的的应用，如数据库服务器。每个在系统上执行的程序由一个到多个进程来实现。每个进程执行在具有不同权限的环境中，这种环境控制着进程可访问的系统资源、程序和数据文件等。一个进程出现了不期望的行为可能表明黑客正在入侵系统。黑客可能会将程序或服务的运行分解，从而导致它失败，或者是以非用户或管理员意图的方式操作。

（4）物理形式的入侵信息：一是未授权的对网络硬件的连接；二是对物理资源的未授权访问。

2. 数据分析

入侵检测的第二步是数据分析，一般通过四种技术手段实现：模式匹配、统计分析、专家系统和完整性分析。其中，前三种方法用于实时的入侵检测，而完整性分析则用于事后分析。

（1）模式匹配：将收集到的信息与已知的网络入侵和系统误用模式数据库进行比较，从而发现违背安全策略的行为。该方法的优点是只需收集相关的数据集合，显著减少系统负担，且技术已相当成熟。它与病毒防火墙采用的方法一样，检测准确率和效率都相当高。该方法的弱点是需要不断地升级以应对不断出现的黑客攻击手法，不能检测从未出现过的黑客攻击手段。

（2）统计分析：先给系统对象（如用户、文件、目录和设备等）创建一个统计描述，统计正常使用时的一些测量属性（如访问次数、操作失败次数和延时等）。测量属性的平均值将被用来与网络、系统的行为进行比较，当任何观察值在正常值范围之外时，就认为有入侵发生。其优点是可检测到未知的入侵和更为复杂的入侵；缺点是误报、漏报率高，且不适应用户正常行为的突然改变。具体的统计分析方法包括基于专家系统的分析方法、基于模型推理的分析方法和基于神经网络的分析方法，目前正处于研究热点和迅速发展之中。

（3）专家系统：经常是针对有特征的入侵行为。规则即知识，不同的系统与设置具有不同的规则，且规则之间往往无通用性。专家系统的建立依赖于知识库的完备性，知识库的完备性又取决于审计记录的完备性与实时性。入侵的特征抽取与表达是入侵检测专家系统的关键。在系统实现中，将有关入侵的知识转化为 if–then 结构（也可以是复合结构），if 部分为入侵特征，then 部分是系统防范措施。运用专家系统防范有特征的入侵行为的有效性完全取决于专家系统知识库的完备性。

（4）完整性分析

完整性分析主要关注某个文件或对象是否被更改，这经常包括文件和目录的内容及属性，它在发现被更改的、被特洛伊化的应用程序方面特别有效。其优点是不管模式匹配方法和统计分析方法能否发现入侵，只要是成功的攻击导致了文件或其他对象发生任何改变，它就都能够发现。其缺点是一般以批处理方式实现，不能用于实时响应。

（二）入侵检测系统通用模型

目前，所有的入侵检测系统都根据以上原理实现一个通用模型。入侵检测系统通用模型由 5 个主要部分（信息收集器、分析器、响应、数据库和目录服务器）组成。

1. 信息收集器

信息收集器用于收集事件的信息。得到的信息将被用来分析，确定是否发生了入侵。信息收集器可以被划分成不同的级别，通常分为网络级别、主机级别和应用程序级别。对于网络级别，它的处理对象是网络数据包。对于主机级别，它的处理对象一般是系统的审计记录。对于程序级别，它的处理对象一般是程序运行的日志文件。被收集的信息可以发送到分析器处理，或者存放在数据库中待处理。

2. 分析器

分析器对由信息源生成的事件进行分析处理，确定哪些事件与正在发生或者已发生的入侵有关。常用的两种分析方法是误用检测和异常检测。分析器的结果可以被响应，或者保存在数据库中待统计。

3. 响应

响应就是当入侵事件发生时，系统采取的一系列动作。这些动作常被分为主动响应和被动响应两类：主动响应能自动干预系统；被动响应能够给管理员提供信息，再由管理员采取行动。

4. 数据库

数据库保存事件信息，包括正常事件和入侵事件。数据库还可以用来存储临时数据，扮演各个组件之间的数据交换中心的角色。

5. 目录服务器

目录服务器保存入侵检测系统各个组件及其功能的目录信息。在一个比较大的入侵检测系统中，这个部分起到了很重要的作用，能够改进系统的维护性和扩展性。

三、入侵检测系统的弱点和局限

（一）网络入侵检测系统的局限

NIDS 从网络上得到数据包并进行分析，从而检测和识别出系统中的未授权行为或异常现象。

1. 网络局限

（1）交换网络环境：由于共享式集线器（hub）可以进行网络监听，将给网络安全带来极大的威胁，因此现在的网络，尤其是高速网络基本上都使用交换机，从而给 NIDS 的网络监听带来了阻碍。

①监听端口：现在较好的交换机都支持监听端口，故很多 NIDS 都连接到监听端口上。通常，NIDS 连接到交换机时都是全双工的，即在 100 MB 的交换机上双向流量可能达到 200 MB，但监听端口的流量最多达到 100 MB，从而导致交换机丢包。

为了节省交换机端口，很可能配置为一个交换机端口监听多个其他端口，在正常的流量下，监听端口能够全部监听，但在受到攻击的时候，网络流量可能增加，从而使被监听的端口流量总和超过监听端口的上限，导致交换机丢包。在交换机负载较大的时候，监听端口的传输速度赶不上其他端口的传输速度，从而导致交换机丢包。

②共享式 Hub：在需要监听的网线中连接一个共享式 Hub，从而实现监听的功能。对于规模较小的公司而言，在公司与 Internet 之间放置一个 NIDS，是一个相对廉价并且比较容易实现的方案。采用 Hub 将导致主机的网络连接由全双工变为半双工，并且如果 NIDS 发送的数据通过此 Hub，将增加冲突的可能。

③线缆分流：采用特殊的设备，直接从一根网线中拷贝出两份（每个方向一份）相同的数据，连接到支持监听的交换机上，再将 NIDS 连接到此交换机上。这种方案不会影响现有的网络系统，但需要增加交换机，价格不菲，并且面临与监听端口同样的问题。

（2）网络拓扑局限：对于一个较复杂的网络而言，通过精心发包，可以使 NIDS 与受保护的主机收到的包的内容或者顺序不一样，从而绕过 NIDS 的监测。

①其他路由：由于一些非技术的因素，其他的路由可能能够绕过 NIDS 到达受保护主机（如某个被忽略的调制解调器，但调制解调器旁没有安装 NIDS）。如果 IP 源路由选项允许的话，可以通过精心设计 IP 路由绕过 NIDS。

② TTL：如果数据包到达 NIDS 与受保护的主机的 HOP 数不一样，则可以通过精心设置 TTL 值来使某个数据包只能被 NIDS 或者受保护主机收到，使 NIDS 的传感器与受保护主机收到的数据包不一样，从而绕过 NIDS 的监测。

2. 检测方法局限

NIDS 常用的检测方法有特征检测、异常检测、状态监测、协议分析等。实际中的商用入侵检测系统大都同时采用几种检测方法。

NIDS 不能处理加密后的数据。如果数据在传输过程中被加密，即使只是简单的替换，NIDS 也难以处理，如采用 SSH、HTTPS、带密码的压缩文件等手段都可以有效地防止 NIDS 的检测。NIDS 难以检测重放攻击、中间人攻击，对网络监听也无能为力。

目前的 NIDS 还难以有效地检测 DOS 攻击。

（1）系统实现局限：由于受 NIDS 保护的主机及其运行的程序多种多样，甚至对同一个协议的实现也不尽相同，入侵者可能利用不同系统的不同实现的差异来进行系统信息收集（如 nmap 通过 TCP/IP 指纹来对操作系统进行识别）或者进行选择攻击。由于 NIDS 不大可能通晓这些系统的不同实现，故而可能被入侵者绕过。

（2）异常检测的局限。

①异常检测通常采用统计方法来进行检测。

②异常检测需要大量原始的审计记录，一个纯粹的统计入侵检测系统会忽略那些不会或很少产生会影响统计规律的审计记录的入侵，即使它具有很明显的特征。

③统计方法可以被训练而适应入侵模式。当入侵者知道他的活动被监视时，可以研究入侵检测系统的统计方法，并在该系统能够接受的范围内产生审计事件，逐步训练入侵检测系统，从而使其相应的活动逐渐偏离正常范围，最终将入侵事件作为正常事件对待。

④应用系统越来越复杂，许多主体活动很难以简单的统计模型来刻画，而复杂的统计模型在计算量上不能满足实时检测的要求。

⑤统计方法中的阈值难以有效确定，太小的值会产生大量的误报，太大的值会产生大量的漏报。例如，系统中配置为 200 个 / 秒半开 TCP 连接为 SYN flooding，则入侵者每秒建立 199 个半开连接将不会被视为攻击。

（3）特征检测的局限。

①检测规则的更新总是落后于攻击手段的更新。目前而言，一个新的漏洞在互联网上公布，第二天就可能在网上找到用于攻击的方法和代码，但相应的检测规则往往需要好几天才能总结出来。

②很多被公布出来的攻击并没有总结出相应的检测规则或者检测规则误报率很高，并且现在越来越多的黑客倾向于不公布他们发现的漏洞，从而很难总结出这些攻击的攻击特征。

③目前新规则的整理工作主要由志愿者或者厂家完成，由用户自行下载使用，用户自定义的规则实际上很少，在方便了用户的同时也方便了入侵者。入侵者可以先检查所有的规则，然后采用不会被检测到的手段来进行入侵，大大降低了被 NIDS 发现的概率。

目前总结出的规则主要针对网络上公布的黑客工具或者方法，但对于以源代码发布的黑客工具而言，很多入侵者可以对源代码进行简单的修改（如黑客经常修改特洛伊木马的代码），产生攻击方法的变体，绕过 NIDS 的检测。

（4）协议局限：对于应用层的协议，一般的 NIDS 只简单处理了常用的如 HTTP、FTP、SMTP 等协议，还有大量的协议没有处理，也不大可能全部处理，直接针对一些特殊协议或者用户自定义协议的攻击都能很好地绕过 NIDS 的检查。

3. 资源及处理能力局限

（1）针对 NIDS 的 DOS 攻击

①大流量冲击

攻击者向被保护网络发送大量的数据，超过 NIDS 的处理能力，将会发生丢包的情况，从而可能导致入侵行为漏报。NIDS 的网络抓包能力与很多因素相关，如在每个包 1500 字节的情况下，NIDS 将超过 100 MB / s 的处理能力，甚至达到 500MB / s 的处理能力，但如果每个包只有 50 字节，100 MB / s 的流量意味着每秒 2 000 000 包，这将超过目前绝大多数网卡及交换机的处理能力。

② IP 碎片攻击：攻击者向被保护网络发送大量的 IP 碎片（如 TARGA3 攻击），超过 NIDS 能同时进行的 IP 碎片重组能力，从而导致通过 IP 分片技术进行的攻击被漏报。

③ ICP connect flooding：攻击者创建或者模拟出大量的 TCP 连接（可以通过上面介绍的 IP 重叠分片方法），超过 NIDS 同时监控的 TCP 连接数的上限，从而导致多余的 TCP 连接不能被监控。

④ alert flooding：攻击者可以参照网络上公布的检测规则，在攻击的同时故意发送大量将会引起 NIDS 报警的数据（如 stick 攻击），超过 NIDS 发送报警的速度，从而产生漏报，并且使网管收到大量的报警，难以分辨出真正的攻击。

⑤ log flooding：攻击者发送大量将会引起 NIDS 报警的数据，最终导致 NIDS 进行 log 的空间被耗尽，从而删除先前的 log 记录。

（2）内存及硬盘限制

如果 NIDS 希望提高能够同时处理的 IP 碎片重组及 TCP 连接监控得能力，就需要更多的内存作为缓冲。如果 NIDS 的内存分配及管理不好，将使系统在某种特殊的情况下耗费大量的内存。如果开始使用虚拟内存，则有可能发生内存抖动。

通常，硬盘的数据传输速度远远比不上网络的数据传输速度，如果系统产生大量的报警记录到硬盘中，将耗费掉大量的系统处理能力。如果系统记录原始网络数据，保存大量和高速的网络数据将需要昂贵的大容量磁盘阵列。

（二）主机入侵检测系统的局限

1. 资源局限

由于 HIDS 安装在被保护主机上，故所占用的资源不能太多，从而大大限制了所采用的检测方法及处理性能。

2. 操作系统局限

不像 NIDS，厂家可以自己定制一个足够安全的操作系统来保证 NIDS 自身的安全，而 HIDS 的安全性受其所在主机的操作系统的安全性限制，如果所在系统被攻破，HIDS 将很快被清除。如果 HIDS 为单机，则它基本上只能检测没有成功的攻击；如果 HIDS 为传感器 / 控制台结构，则将面临与 NIDS 同样的对相关系统的攻击。

3. 系统日志限制

HIDS 会通过监测系统日志来发现可疑的行为，但有些程序的系统日志不够详细，或者没有日志，因此有些入侵行为本身不会被具有系统日志的程序记录下来。

如果系统没有安装第三方日志系统，则系统自身的日志系统很快会受到入侵者的攻击或修改，而入侵检测系统通常不支持第三方的日志系统。

如果 HIDS 没有实时检查系统日志，则利用自动化工具进行的攻击将完全可能在检测间隔中完成所有的攻击工程，并清除在系统日志中留下的痕迹。

4. 被修改过的系统核心能够骗过文件检查

如果入侵者修改系统核心，则可以骗过基于文件一致性检查的工具。这就像当初的某些病毒，当它们认为受到检查或者跟踪的时候会将原来的文件或者数据提供给检查工具或者跟踪工具。

5. 网络检测局限

有些 HIDS 可以检查网络状态，但这将面临 NIDS 所面临的很多问题。

四、入侵检测产品

目前，市场上有许多入侵检测系统，这些产品在不同方面有各自的特色。如何去评价这些产品，尚无形成规定的评估标准。一般可以从以下几个方面去评价一个入侵检测系统。

（一）能保证自身的安全

和其他系统一样，入侵检测系统本身也往往存在安全漏洞。如果查询Bugtraq的邮件列表，诸如Axent NetProwler、NFR、ISS Realsecure等知名产品都有被发觉的漏洞。若对入侵检测系统攻击成功，则直接导致其报警失灵，入侵者在其后所做的行为将无法被记录，因此入侵检测系统必须首先保证自己的安全性。

（二）运行与维护系统的开销

较少的资源消耗不影响受保护主机或网络的正常运行。

（三）入侵检测系统报警准确率

误报和漏报的情况应尽量少。

（四）网络入侵检测系统负载能力及可支持的网络类型

网络环境不同，网络入侵检测系统的要求也不同。如果在512 K或2 M专线上部署网络入侵检测系统，则不需要高速的入侵检测引擎，而在负荷较高的环境中，性能是一个非常重要的指标。网络入侵检测系统是非常消耗资源的，但很少有厂商公布自己的每秒数据包数（packet per second, PPS）。

（五）支持的入侵特征数和升级能力及方便性

IDS最主要的指标就是它能够发现入侵方式的数量。几乎每个星期都有新的漏洞和攻击方法出现，如果仅仅能够识别少量的攻击方法或者版本升级缓慢，根本无法保证网络的安全。产品的升级方式是否灵活也影响到它的功能能否发挥作用。一个好的实时检测产品应该在强大的技术支持力量的基础上进行经常性的升级，并且可以直接通过Internet或是下载升级包进行升级。

（六）是否支持IP碎片重组

在入侵检测中，分析单个的数据包会导致许多误报和漏报，IP碎片的重组可以提高检测的精确度。而且，IP碎片是网络攻击中常用的方法，因此IP碎片的重组还可以检测利用IP碎片的攻击。IP碎片重组的评测标准有三个性能参数：能重组的最大IP分片数、能同时重组的IP包数、能进行重组的最大IP数据包的长度。

（七）是否支持 TCP 流重组

TCP 流重组是为了对完整的网络对话进行分析，它是网络入侵检测系统对应用层进行分析的基础，如检查邮件内容、附件，检查 FTP 传输的数据，禁止访问有害网站，判断非法 HTTP 请求，等等。

第四章　计算机网络的特征及组成

第一节　计算机网络概述

一、计算机网络的基本概念

21 世纪是信息高速发展的时代，网络已经深入生活的方方面面。那么，什么是计算机网络呢？计算机网络的定义没有统一的标准，在计算机网络发展过程的不同阶段，人们对计算机网络提出了不同的定义。从目前计算机网络的特点来看，资源共享的观点比较准确地描述了计算机网络的基本特征。

资源共享观点将计算机网络定义为“以能够相互共享资源的方式互联起来的自治计算机系统的集合”。

二、计算机网络的形成

（一）以主机为中心的联机系统

计算机网络主要是计算机技术和信息技术相结合的产物，它从 20 世纪 50 年代起至今已经有 70 多年的发展历程。在 20 世纪 50 年代以前，因为计算机主机相当昂贵，而通信线路和通信设备相对便宜，为了共享计算机主机资源和进行信息的综合处理，形成了第一代以主机为中心的联机终端系统。

在第一代计算机网络中，因为所有的终端共享主机资源，所以终端到主机单独占一条线路，使得线路利用率低，而且因为主机既要负责通信又要负责数据处理，所以主机的效率低，而且这种网络组织形式是集中控制形式，可靠性较低，如果主机出问题，所有终端都会被迫停止工作。面对这样的情况，当时的人们提出了一种改进方法，就是在远程终端聚集的地方设置一个终端集中器，把所有的终端聚集到终端集中器，而且终端到集中器之间是低速线路，而终端到主机是高速线路，这样使得主机只需要负责数据处理而不需要负责通信工作，大大提高了主机的利用率。

（二）计算机—计算机网络

随着计算机的普及和价格的降低，以及计算机应用的发展，20 世纪 60 年代中期到 70 年代中期出现了许多计算机通过通信系统互连的系统，开创了“计算机—计算机”的通信时代。这样，分布在不同地理位置且具有独立功能的计算机就可以通过通信线路连接起来，相互之间交换数据、传递信息。

（三）分组交换技术的产生

计算机技术发展到一定程度，人们除了打电话直接沟通，还可以通过计算机和终端实现计算机与计算机之间的通信，但早期时的当时传输线路质量不高，网络技术手段还比较单一。因此，人们开始研究一种新的长途数字数据通信的体系结构形式：分组交换。

分组交换将用户通信的数据划分成多个更小的等长数据段，在每个数据段的前面加上必要的控制信息作为数据段的首部，每个带有首部的数据段就构成了一个分组。首部指明了该分组发送的地址，当交换机收到分组之后，将根据首部中的地址信息将分组转发到目的地，这个过程就是分组交换。能够进行分组交换的通信网被称为分组交换网。

分组交换的本质就是存储—转发，它将所接收的分组暂时存储下来，在目的方向路由上排队，当它可以发送信息时，再将信息发送到相应的路由上，完成转发。其存储—转发的过程就是分组交换的过程。

进行分组交换的通信网被称为分组交换网。从交换技术的发展历史看，数据交换经历了电路交换、报文交换、分组交换和综合业务数字交换的发展过程。分组交换实质上是在“存储—转发”基础上发展起来的，它兼有电路交换和报文交换的优点。分组交换在线路上采用动态复用技术传送按一定长度分割为许多小段的数据分组。每个分组标识后，在一条物理线路上采用动态复用的技术，同时传送多个数据分组。把来自用户发送端的数据暂存在交换机的存储器内，接着在网内转发，到达接收端，再去掉分组头将各数据字段按顺序重新装配成完整的报文。分组交换比电路交换的电路利用率高，比报文交换的传输时延小、交互性好。

分组交换网是继电路交换网和报文交换网之后的一种新型交换网络，它主要用于数据通信。

分组交换网具有如下特点。

（1）分组交换网具有多逻辑信道的能力，故中继线的电路利用率高。

（2）分组交换网可实现不同码型、速率和规程之间的终端互通。

（3）由于分组交换具有差错检测和纠正的能力，故电路传送的误码率极小。

（4）分组交换网的管理功能强。

分组交换数据网是由分组交换机、网络管理中心、远程集中器、分组装拆设备、传输设备等组成的。

分组交换的思想来源于报文交换，报文交换也称为存储转发交换，二者交换过程的本质都是存储—转发，所不同的是分组交换的最小信息单位是分组，而报文交换则是一个个报文。由于以较小的分组为单位进行传输和交换，所以分组交换比报文交换快。报文交换主要应用于公用电报网中。

第二节　计算机网络的分类

计算机网络系统是非常复杂的系统，有多种多样的划分方法，不同类型的网络在性能、结构、用途等方面的特点也是有区别的。

一、按功能分类

按网络的使用功能进行分类，计算机网络可分为公用网和专用网。

（一）公用网

公用网也称为公众网或公共网，是指为公众提供公共网络服务的网络。公用网一般由国家的电信公司出资建造，并由政府电信部门进行管理和控制，其网络内的传输和转接装置可提供给任何部门和单位使用（需交纳相应费用）。公用网属于国家基础设施。

公用网提供分组交换或电路交换服务，有以下几种网络类型。

1. 公用电话交换网（PSTN）

公用电话交换网就是人们平常用到的电话传输网络，它是基于模拟技术的电路交换网络。PSTN的传输速率低、质量差，网络资源利用率低，带宽有限，无存储、转发功能，难以实现不同速率设备间的传输，只能用于要求不高的场合。

2. 分组交换数据网（X.25）

中国公用分组交换数据网（ChinaPAC）是一种覆盖全国的分组交换网络，其主要协议为X.25。X.25是一个数据终端设备(DTE)对公用交换网络的接口规范。X.25网强调的是为公众提供可靠的服务，它的设计思想侧重于数据传输的可靠性，因此其误码率很低。X.25网是性能优良的网络，允许用户通过一条物理信道获得成百上千条虚电路连接，在网内对传输的信息具有差错控制能力。由于它是具有存储、转发功能并提供各种分组拆装设备的接口，所以允许异步、同步、不同速率的终端互联通信。公用分组交换数据网还提供电子信箱、电子数据交换和可视图文等增值业务。

3. 数字数据网（DDN）

数字数据网（DDN）是一种高带宽、高质量的公用数字数据通信网，其传输信息的信道为数字信道。DDN是数字通信、计算机、光纤、数字交叉等多项技术的综合，可提供和支持多项业务和应用。

4. 综合业务数字网（ISDN）

综合业务数字网（ISDN）与电话网、X.25、DDN一样，是作为一种公用网络设计的。“综合业务”是指其电信业务范围是多种多样的，包含和集合了现有的各种通信网（电话网、分组交换网等）的所有业务。ISDN既适用于电话、图像等实时性要求高的业务，也适用于数字数据这类具有很强突发性的信息业务，还可适应可能出现的各种性质的业务。在数据传输速率的适应能力上，其既能适应低速也能适用于高速的用户网络接口传输速率，还可适应可变速率信息的传输。窄带ISDN（N-ISDN）提供164 kbit / s的带宽，其适用的业务范围相当有限，不能适应高速数据和图像业务，以及高清晰度电视等新业务的需求。ATM（asynchronous transfer mode）技术是实现宽带ISDN的核心技术。ATM顾名思义就是异步转移模式。光纤的出现奠定了ATM发展的基础，其容量能够满足ATM对速度的需求。

（二）专用网络

在互联网的地址架构中，专用网络是指遵守RFC 1918和RFC 4193规范，使用私有IP地址空间的网络。私有IP无法直接连接互联网，需要公网IP转发。与公网IP相比，私有IP是免费的，也节省了IP地址资源，适合在局域网使用。

私有 IP 地址在 Internet 中不会被分配。

专用网络是两个企业间的专线连接，这种连接是两个企业的内部网之间的物理连接。专线是两点之间永久的专用电话线连接。和一般的拨号连接不同，专线是一直连通的。这种连接的最大优点就是安全，除了这两个合法连入专用网络的企业，其他任何人和企业都不能进入该网络。所以，专用网络保证了信息流的安全性和完整性。

专用网络的最大缺陷是成本太高，因为专线非常昂贵，每个想要使用专用网络的企业都需要一条独立的专用（电话）线把它们连到一起。

虚拟专用网络（virtual private network, VPN）指的是在公用网络上建立专用网络的技术。其之所以被称为虚拟网，主要是因为整个 VPN 网络任意两个节点之间的连接并没有传统专网所需的端到端的物理链路，而是架构在公用网络服务商所提供的网络平台，如 Internet、ATM、帧中继（frame relay, FR）等之上的逻辑网络，用户数据在逻辑链路中传输。它涵盖了跨共享网络或公共网络的封装、加密和身份验证链接的专用网络的扩展。VPN 主要采用了隧道技术、加解密技术、密钥管理技术和使用者与设备身份认证技术。

二、按使用范围分类

（一）内联网（Intranet）

内联网又称企业内联网，是用因特网技术建立的可支持企事业内部业务处理和信息交流的综合网络信息系统，通常采用一定的安全措施与企事业外部的因特网用户相隔离，对内部用户的信息使用权限也有严格的规定。

1. 内联网与因特网

与 Internet 相比，可以说 Internet 是面向全球的网络，而 Intranet 则是 Intranet 技术在企业机构内部的实现，它能够以极少的成本和时间将一个企业内部的大量信息资源高效、合理地传递给每个人。Intranet 为企业提供了一种能充分利用通信线路、经济而有效地建立企业内联网的方案。应用 Intranet，企业可以有效地进行财务管理、供应链管理、进销存管理、客户关系管理等。

2.Intranet 的重要性

随着现代企业越来越集团化，企业的分布也越来越广，遍布全国各地甚至跨越国界的公司越来越多，以后的公司将是集团化的大规模、专业性强的公司。这些集团化的公司需要及时了解各地的经营管理状况，制定符合各地情况的经营策略，公司内部人员更需要及时了解公司的策略性变化、人事情况、业务发展情况，以及一些简单但又关键的文档，如产品技术规格和价格、公司规章制度等信息。通常公司会发放如员工手册、报价单、办公指南、销售指南一类的印刷品，但这类印刷品既昂贵又耗时，而且不能直接送到员工手中。另外，这些资料无法经常更新，由于又费时又昂贵，很多公司在规章制度已经变动了的情况下也无法及时准确地通知下属员工执行新的规章制度。如何保证每个人都拥有最新、最正确的版本？如何保证公司成员及时了解公司的策略和其他信息是否有改变？利用过去的技术，这些问题都难以解决。市场竞争激烈、变化快，企业必须经常进行调整和改变，而一些内部印发的资料甚至还未到员工手中就已过时了，其浪费的不只是人力和物力，还有非常宝贵的时间。

解决这些问题的方法就是联网，建立企业的信息系统。已有的方法可以解决一些问题，如利用 E-mail 在公司内部发送邮件，建立信息管理系统。Intranet 技术正是解决这些问题的有效方法。利用其各个方面的技术解决企业的不同问题，这样企业内部网 Intranet 就诞生了

3.Intranet 在企业中的典型应用

Intranet 使各行各业的企业从中受益，利用 Intranet 在一定程度上解决了企业战略目标实现上的一些瓶颈问题，如办公效率低下、新产品开发能力不足、生产过程中成本太高或生产计划不合理等。企业将其信息存放于 Web 页面中，使其信息可以得到迅速利用，其信息的制作、打印和传播等费用可大大节省，同时为用户迅速、方便地了解和获取信息提供了一条方便的道路。

（二）外联网（Extranet）

外联网是一个使用与互联网同样的技术的计算机网络，它通常建立在互联网中，并为指定的用户提供信息的共享和交流等服务。

外联网应用互联网与内联网的技术去服务一些对外的企业，包括特定的客户、供应商或生意上的伙伴，使用者可以通过不同的技术对其进行访问，如使用 IP 通道、VPN 或者专用拨号网络。

三、按企业公司管理分类

在计算机网络中包括许多不同的节点在协同工作，其中有作为服务器工作的，有作为客户机服从服务器的管理而工作的，也有不受制约共同工作的。因此，按照网络管理的模式可以将其分为服务器 / 客户机网络和对等网络两种类型。

（一）服务器 / 客户机网络

服务器 / 客户机网络是指客户机向服务器发出请求并以此获得服务的一种网络形式，它是一种较为常用且比较重要的网络类型。

在该网络类型中，服务器一般使用高性能的计算机系统，它是为网络提供资源、控制管理或专门用于服务的计算机系统。服务器一般包括文件服务器、打印服务器、邮件服务器、通信服务器、数据库服务器等。客户机也称为工作站，是指接入网络的计算机，它接受网络服务器的控制和管理，能够共享网络上的各种资源。

在服务器 / 客户机网络中，所有数据的存储和运行都在服务器上，输入和输出都是在客户机上，因此方便于数据集中管理，且安全性能够得到保证。但也由于其所有数据的存储和运行都在服务器上，所以服务器的负载会很大。另外，该网络的性能受到服务器性能及客户机数量的影响，当服务器性能较差或客户机数量较多时，网络的性能将严重下降。

（二）对等网络

对等网络又称工作组，在对等网络中各台计算机具有相同的功能，无主从之分，即不需要专门的服务器，任何一台计算机既可以作为服务器设定共享资源供网络中的其他计算机使用，又可以作为工作站。它是小型局域网常用的组网方式之一。

第三节　计算机网络的功能和结构

一、计算机网络的功能

计算机网络有很多功能，其中以数据交换和通信、资源共享为最基本，也是最主要的功能。

（一）数据交换和通信

数据交换通信是最基本的功能。计算机网络中的计算机之间或计算机与终端之间可以快速、可靠地相互传递数据、程序或文件。例如：电子邮件可以使相隔万里的异地用户快速、准确地相互通信；电子数据交换可以实现在商业部门（如海关、银行）或公司之间安全、准确地进行订单、发票、数据等商业文件的交换；文件传输协议可以实现文件的实时传递，为用户复制和查找文件提供了有力的工具。

（二）资源共享

资源是指网络中所有的软件、硬件和数据，共享则是指网络中的用户能够部分或者全部地享受这些资源。例如：西安市的社保数据库可供全网内其他地区的社保部门使用；一些大型的计算软件可供有需要的地方或者人通过共享有偿调用或办理一定手续后调用；一些外部设备（如彩色打印机、静电绘图仪等）可使一些没有这些设备的用户也能使用。资源共享提高了资源的利用率，解决了资源在地理位置上的约束，使得用户在使用千里以外的资源时就如同使用本地资源一样方便。

（三）分布处理

计算机网络能够把要处理的任务分散到各个计算机上运行，而不是集中在一台大型计算机上。这样，不仅可以降低软件设计的复杂性，而且可以大大提高工作效率，降低成本。

（四）集中管理

地理位置分散的组织和部门可通过计算机网络来实现集中管理，如数据库情报检索系统、交通运输部门的订票系统、军事指挥系统等。

（五）均衡负荷

当一台计算机出现故障或者负荷太重时，可立即由网络中的另一台计算机来代替其完成所承担的任务。同样，当网络的一条链路出现故障时可选择其他的通信链路进行连接。

（六）信息查询

信息查询是计算机网络提供资源共享最好的工具，当人们想要查询某些信息资源时，通常会通过搜索引擎输入“关键词”，很快就会找到想要的内容。

（七）远程教育

远程教育是利用 Internet 技术开发的现代在线服务系统，它充分发挥了网络可以跨越空间和时间的特点，在网络平台上向学生提供各种与教育相关的信息，做到“任何人在任何时间、任何地点，可以学习任何课程”。

（八）电子商务

广义的电子商务包括各行各业的电子业务、电子政务、电子医务、电子军务、电子教务、电子公务和电子家务等；狭义的电子商务指人们利用电子化、网络化手段进行商务活动。

（九）办公自动化

办公自动化如共享打印设备及应用程序能实现办公活动的科学化、自动化，最大限度地提高工作质量、工作效率改善工作环境。

（十）企业管理与决策

通过企业信息网络，企业可以对分布于各地的业务进行及时、统一的管理与控制，实现企业范围内的信息共享，从而大大提高企业在市场中的竞争能力。

二、计算机网络的拓扑结构

网络中的计算机等设备要实现互联，需要以一定的结构方式进行连接，这种连接方式就叫作“拓扑结构”，通俗地讲就是这些网络设备是如何连接在一起的。目前常见的网络拓扑结构主要有以下四大类。

（一）星形结构

星形结构是目前在局域网中应用得最为普遍的一种结构，企业网络采用的几乎都是这种结构。星形网络几乎是以太网（Ethernet）专用的，它是因网络中的各工作站节点设备通过一个网络集中设备（如集线器或者交换机）连接在一起，各节点呈星状分布而得名的。这类网络目前用得最多的传输介质是双绞线，如常见的五类线、超五类双绞线等。

星形结构网络的基本特点主要有如下几点。

1. 容易实现

星形结构网络采用的传输介质一般都是双绞线，这种传输介质比较便宜。星形结构网络主要应用于 IEEE 802.2、IEEE 802.3 标准的以太局域网中。

2. 节点扩展、移动方便

星型结构网络在进行节点扩展时只需要从集线器或交换机等集中设备中拉一条线即可；要移动一个节点只需要把相应节点设备移到新节点即可，不会像环形网络那样“牵一发而动全身”。

3. 维护容易

一个节点出现故障不会影响其他节点的连接，可任意拆走故障节点。

4. 采用广播信息传送方式

任何一个节点发送信息在整个网络中的节点都可以收到，这在网络方面存在一定的隐患，但这在局域网中的影响不大。

5. 网络传输数据速度快

网络传输数据速度快这一点可以从以太网的接入速度上看出来。

（二）环形结构

环形结构主要应用于令牌网中，在这种网络结构中各设备是直接通过电缆来串接的，最后形成一个闭环，整个网络发送的信息就是在这个环中传递，通常把这类网络称之为“令牌环网”。

环形结构的基本原理是利用令牌（代表发信号的许可）来避免网络中的冲突，与使用冲突检测算法 CSMA/CD 的以太网相比，提高网络的数据传送率。此外，还可以设置发送的优先度。一个 4M 的令牌环网络和一个 10M 的以太网数据传送率相当，一个 16M 的令牌环网络的数据传送率接近一个 100M 的以太网。但网络不可复用，导致网络利用率低下。当网络中一个结点拿到令牌使用网络后，不管此结点使用多少带宽，其它结点必须等待其使用完网络并放弃令牌后才有机会申请令牌并使用网络。此外，网络中还需要专门结点维护令牌。

环形结构的网络形式主要应用于令牌网中，在这种网络结构中各设备是直接通过电缆来串接的，最后形成一个闭环，整个网络发送的信息就是在这个环中传递，通常把这类网络称为“令牌环网”。实际上，大多数情况下这种拓扑结构的网络不会把所有计算机真的连接成物理上的环形，一般情况下环的两端是通过一个阻抗匹配器来实现封闭的，因为在实际组网过程中因地理位置的限制不方便真的在环的两端实现物理连接。

环形结构的网络主要有如下几个特点。

（1）环形结构一般仅适用于 IEEE 802.5 的令牌网。在这种网络中，“令牌”是在环形连接中依次传递的。环形网络所用的传输介质一般是同轴电缆。

（2）这种网络实现起来非常简单，投资最少。组成该网络的除了各工作站就是传输介质——同轴电缆，以及一些连接器材，没有价格昂贵的节点集中设备，如集线器和交换机。但也正因为这样，所以这种网络所能实现的功能最为简单，仅能当作一般的文件服务网络。

（3）该网络的传输速度较快。在令牌网中允许有 16 Mbps 的传输速度，它比普通的 10 Mbps 以太网要快许多。当然，随着以太网的广泛应用和以太网技术的发展，以太网的传输速度也得到了极大的提高。

（4）该网络维护困难。从其网络结构可以看到，整个网络的各节点间是直接串联的，这样任何一个节点出了故障都会造成整个网络的中断、瘫痪，维护起来非常不便。另外，因为同轴电缆所采用的是插针式的接触方式，所以非常容易造成接触不良、网络中断，而且查找起来非常困难。

（5）该网络的扩展性能差。环形结构的环形决定了它的扩展性能远不如星形结构好，如果要新添加或移动节点，就必须中断整个网络，在环的两端做好连接器才能连接。

（三）总线结构

总线结构中所有设备都直接与总线相连，它所采用的介质一般也是同轴电缆（包括粗缆和细缆），不过现在也有采用光缆作为总线结构传输介质的。

总线型结构具有以下几个方面的特点。

（1）组网费用低：这样的结构根本不需要另外的互联设备，是直接通过一条总线进行连接的，所以组网费用较低。

（2）这种网络的各节点是共用总线带宽的，所以其传输速度会随着接入网络的用户的增多而下降。

（3）网络用户扩展较灵活：在扩展用户时只需要添加一个接线器即可，但所能连接的用户数量有限。

（4）维护较容易：单个节点失效不影响整个网络的正常通信。但是，如果总线断开连接，则整个网络或者相应主干网段也就断开连接了。

（5）总线型结构的缺点是一次仅能由一个端用户发送数据，其他端用户必须等待获得发送权。

（四）混合型结构

混合型结构是由星形结构和总线结构的网络结合在一起的网络结构，这样的拓扑结构更能满足较大网络的拓展，解决星形网络在传输距离上的局限，同时又解决了总线网络在连接用户数量上的限制。这种网络拓扑结构同时兼顾了星形结构与总线结构的优点。

三、计算机网络的体系结构

（一）网络的层次体系结构

1. 网络协议的重要性

计算机网络是一个非常复杂的系统，它是由多个互连的结点组成的，结点之间需要不断地交换数据与控制信息。要做到有条不紊地工作，每个结点都必须遵守一些提前约定好的规则。所有规则的目的和功能是一样的，都是保证网络上的信息能畅通无阻、准确无误地传输到目的地。

2. 网络协议（protocol）的含义

网络协议就是为网络数据交换而制定的规则、约定和标准，包含以下三方面的要素。

（1）语法（syntax）：数据格式、编码及信号电平等。

（2）语义（semantics）：用于协议和差错处理的控制信息。

（3）同步（timing）：速度匹配和排序。

3. 协议的分层结构

（1）协议分层结构：用一个模块的集合来完成不同的通信功能，以简化设计的复杂性。大多数网络都按照层次的方式来组织，每一层完成特定的功能，每一层都建立在它的下层之上。

（2）层次结构的优点。

①各层次之间相互独立，复杂程度降低。

②在结构上可以分隔开：各层都可以采用最合适的技术来实现。

③易于实现和维护：系统已经被分解为若干个相对独立的子系统。

④灵活性好：一层发生变化不影响其他各层。

⑤能促进标准化工作：每一层的功能及其所提供的服务都有详细的说明。

（3）选择通信协议的原则。

①所选择的协议要与网络结构和功能相一致。

②除特殊情况外，一个网络应该尽量只选择一种通信协议。

③每个版本的协议都有它最适合的网络环境。

④只有使用相同的通信协议，两台实现互联的计算机之间才能够进行通信。

（4）几个重要的概念。

①实体：每一层中活动的元素。可以是软件，如进程；也可以是硬件，如芯片等。

②对等实体：不同机器上位于同一层次、完成相同功能的实体。

③服务：在网络分层结构模型中，每一层为相邻的上一层所提供的功能。

④接口：服务是通过接口完成的，在同一系统中相邻两层实体进行交互的地方，通常称为服务访问点（service access point, SAP）。每个 SAP 都有一个标识，称为端口（port）。接口和服务将各层的协议连接为整体，完成网络通信的全部功能。

（5）数据单元：上下层实体之间交换的数据传输单元。数据单元分为以下三种。

①协议数据单元（protocol data unit, PDU）：在不同系统的对等层实体之间根据协议所交换的数据单位。n 层的 PDU 通常表示为（n）PDU。协议数据单元包括改成用户数据和该层的协议控制信息（protocol control informa-tion, PCI）。

②接口数据单元（interface data unit, IDU）：在同一个系统的相邻两层实体之间通过接口所交换的数据单元。接口数据单元由两部分组成：一部分是经过接口的 IDU 本身，另一部分是接口控制信息（interface control information, ICI）。ICI 是对 IDU 怎样通过接口的说明，仅 IDU 通过接口才有用。

③服务数据单元（service data unit, SDU）：服务数据单元是为了实现上一层实体请求的功能和下层实体服务所需设置的数据单元。一个服务数据单元就是一个服务所要传送的逻辑数据单位。

（6）网络体系结构

①网络体系结构的概念：网络层次结构模型与各层协议的集合。网络体系结构对计算机网络应该实现的功能进行精确的定义，而这些功能是用哪种硬件与软件来完成的是具体实现的问题。体系结构是抽象的，而实现是具体的，它是指运行的一些硬件和软件。

②体系结构的功能：连接源节点和目的节点的物理传输线路，可以经过中间节点；每条线路两端的节点应当进行二进制通信；保证无差错地进行信息传输；多个用户共享一条物理线路；路由选择。

③网络体系结构的特点：以功能作为划分层次的基础；第 N 层的实体在实现自身定义的功能时，只能使用第 N-1 层提供的服务；第 N 层向第 N+1 层提供的服务不仅包括第 N 层本身的功能，还包括由下层服务提供的功能。

④网络体系结构的种类：国际标准化组织（International Organization for Standardization, ISO）的 OSI/RM；美国国防部的 TCP/IP；IBM 的 SNA；DEC 的 DNA。

（二）ISO 的 OSI/RM

一开始，各个公司都有自己的网络体系结构，这就使得各公司自己生产的各种设备容易互联成网，有助于该公司垄断自己的产品。但是，随着社会的发展，不同网络体系结构的用户迫切要求能互相交换信息。为了使不同体系结构的计算机网络都能互联，ISO 于 1977 年成立了专门的机构研究这个问题。1978 年，ISO 提出了“异种机联网标准”的框架结构，这就是著名的开放系统互联基本参考模型 OSI/RM（open systems interconnection reference modle），简称为 OSI。

OSI 得到了各个国家的承认，成为其他各种计算机网络体系结构参考的标准，大大地推动了计算机网络的发展。20 世纪 70 年代末到 80 年代初，出现了利用人造通信卫星进行中继的国际通信网络。网络互联技术不断成熟和完善，局域网和网络互联开始商品化。

OSI 参考模型用物理层、数据链路层、网络层、传输层、会话层、表示层和应用层七个层次描述网络的结构，它的规范对所有的厂商是开放的，具有指导国际网络结构和开放系统走向的作用。它直接影响总线、接口和网络的性能。常见的网络体系结构有 FDDI、以太网、令牌环网和快速以太网等。从网络互连的角度看，网络体系结构的关键要素是协议和拓扑。

第一层：物理层（physical layer）。

物理层的作用是规定通信设备的机械的、电气的、功能的和规程的特性，用以建立、维护和拆除物理链路连接。具体地讲，机械特性规定了网络连接时所需连接的插件的规格尺寸、引脚数量和排列情况等；电气特性规定了在物理连接上传输 bit 流时线路上的信号电平的大小、阻抗匹配、传输速率距离限制等；功能特性是指对各个信号先分配确切的信号含义，即定义了 DTE 和 DCE 之间各个线路的功能；规程特性定义了利用信号线进行 bit 流传输的一组操作规程，是指在物理连接建立、维护、交换信息时，DTE 和 DCE 双方在各电路上的动作系列。在这一层，数据的单位称为比特（bit）。物理层的主要设备有中继器、集线器、适配器。

第二层：数据链路层（DataLink Layer）。

在物理层提供比特流服务的基础上，建立相邻结点之间的数据链路，通过差错控制提供数据帧（frame）在信道上的无差错传输，并进行各电路上的动作系列。数据链路层在不可靠的物理介质上提供可靠的传输，该层的作用包括物理地址寻址、数据的成帧、流量控制、数据的检错和重发等。在这一层，数据的单位为帧。数据链路层的主要设备有二层交换机和网桥。

第三层：网络层（network layer）。

在计算机网络中进行通信的两个计算机之间可能会经过很多个数据链路，也可能还要经过很多通信子网。网络层的任务就是选择合适的网间路由和交换结点，确保数据及时传送。网络层将数据链路层提供的帧组成数据包，包中封装有网络层包头，其中含有逻辑地址信息——源站点和目的站点地址的网络地址。

在谈论一个 IP 地址时，是在处理第三层的问题，这是“数据包”问题，而不是第二层的“帧”。IP 是第三层问题的一部分，此外还有一些路由协议和地址解析协议（ARP）。有关路由的一切问题都在第三层处理，地址解析和路由是第三层的重要目的。网络层还可以实现拥塞控制、网际互联等功能。在这一层，数据的单位称为数据包（packet）。网络层协议的代表包括 IP、IPX、RIP、ARP、RARP、OSPF 等。网络层的主要设备有路由器。

第四层：传输层（transport layer）。

第四层的数据单元也称作处理信息的传输层。TCP 的数据单元称为段（segments），而 UDP 协议的数据单元称为“数据报（datagrams）”。这个层负责获取全部信息，因此它必须跟踪数据单元碎片、乱序到达的数据包和其他在传输过程中可能发生的危险。第四层为上层提供端到端（最终用户到最终用户）的透明的、可靠的数据传输服务。透明的传输是指在通信过程中传输层对上层屏蔽了通信传输系统的具体细节。传输层协议的代表包括 TCP、UDP、SPX 等。

第五层：会话层（session layer）。

会话层也可以称为会晤层或对话层。在会话层及以上的高层次中，数据传送的单位不再另外命名，统称为报文。会话层不参与具体的传输，它提供包括访问验证和会话管理在内的建立和维护应用之间通信的机制，如服务器验证用户登录便是由会话层完成的。

第六层：表示层（presentation layer）。

表示层主要解决用户信息的语法表示问题。它将欲交换的数据从适合于某一用户的抽象语法转换为适合于 OSI 系统内部使用的传送语法，即提供格式化的表示和转换数据服务。数据的压缩和解压缩、加密和解密等工作都由表示层负责，如图像格式的显示就是由位于表示层的协议来支持的。

第七层：应用层（application layer）。

应用层为操作系统或网络应用程序提供访问网络服务的接口。应用层协议的代表包括 Telnet、FTP、HTTP、SNMP 等。

由于 OSI 体系结构太复杂，在实际应用中 TCP/IP 的四层体系结构得到了广泛应用。

（三）Internet 的体系结构

Internet 体系结构以 TCP/IP 协议为核心。其中，IP 协议用来给各种不同的通信子网或局域网提供一个统一的互连平台，TCP 协议则用来为应用程序提供端到端的通信和控制功能。Internet 并不是一个实际的物理网络或独立的计算机网络，它是世界上各种使用统一 TCP/IP 协议的网络的互联。Internet 已是一个在全球范围内迅速发展且占主导地位的计算机互联网络。

TCP/IP 协议遵守一个四层的模型概念：网络接口层、应用层、传输层和网际层。

1. 网络接口层

模型的最底层是网络接口层，负责数据帧的发送和接收。帧是独立的网络信息传输单元，网络接口层将帧放在网上，或从网上把帧取下来。

2. 网际层

互联协议将数据包封装成 Internet 数据报，并运行必要的路由算法。该层包括以下四个互联协议。

（1）网际协议 IP：负责在主机和网络之间寻址和路由数据包。

（2）地址解析协议 ARP：获得同一物理网络中的硬件主机地址。

（3）网际控制消息协议 ICMP：发送消息，并报告有关数据包的传送错误。

（4）互联组管理协议 IGMP：被 IP 主机拿来向本地多路广播路由器报告主机组成员。

3. 传输层

传输协议在计算机之间提供通信会话。传输协议的选择根据数据传输方式而定。两个传输协议如下。

（1）传输控制协议 TCP：为应用程序提供可靠的通信连接，适合于一次传输大批数据的情况，同时适用于要求得到响应的应用程序。

（2）用户数据报协议 UDP：提供了无连接通信，且不对传送包进行可靠的保证，适合于一次传输少量数据的情况，可靠性则由应用层来负责。

4. 应用层

应用程序通过应用层访问网络。应用层包含所有的高层协议，具体如下。

（1）虚拟终端协议（TELNET）：允许一台计算机上的用户登录到远程计算机上，并进行工作。

（2）文件传输协议：FTP 提供有效的方法将文件从一台计算机上移到另一台计算机上。

（3）电子邮件传输协议（SMTP）：用于电子邮件的收发。

（4）域名服务（DNS）：用于把主机名映射到网络地址中。

（5）网络文件系统（NFS）：FreeBSD 支持的文件系统中的一种，它允许网络中的计算机之间通过 TCP/IP 网络共享资源。

（6）超文本传送协议（HTTP）：用于在 WWW 上获取主页。

（7）简单网络管理协议（SNMP）：支持网络管理系统，用以监测连接到网络上的设备是否有任何引起管理上关注的情况。

（四）建议化的参考模型

OSI 参考模型与 TCP/IP 模型的共同之处是它们都采用了层次结构的概念，在传输层定义了相似的功能，但是二者在层次划分与使用的协议上是有很大差别的，也正是这种差别使两个模型的发展产生了两种截然不同的局面，OSI 参考模型逐渐被淘汰，而 TCP/IP 模型得到了发展。

1. 对 OSI 参考模型的评价

造成 OSI 参考模型无法流行的主要原因之一是其自身的缺陷。会话层在大多数应用中很少用到，表示层几乎是空的。在数据链路层与网络层之间有很多的子层插入，每个子层有不同的功能。OSI 模型将“服务”与“协议”的定义结合起来，使得参考模型变得格外复杂，实现起来很困难。同时，寻址、流控与差错控制在每一层里都重复出现，必然降低系统效率。虚拟终端协议最初安排在表示层，现在安排在应用层。关于数据安全性，加密与网络管理等方面的问题也在 OSI 参考模型的设计初期被忽略了。OSI 参考模型的设计被通信思想支配，选择了不适合于计算机与软件的工作方式。很多“原语”在软件的高级语言中实现起来很容易，但严格按照层次模型编程的软件效率很低。

2. 对 TCP/IP 模型的评价

TCP/IP 参考模型与协议也有它自身的缺陷。

（1）它在服务、接口与协议的区别上不清楚。一个好的软件工程应该将功能与实现方法区分开来，TCP/IP 恰恰没有很好地做到这一点，这就使得 TCP/IP 参考模型对于使用新技术的指导意义不够。

（2）TCP/IP 的主机 - 网络层本身并不是实际的一层，它定义了网络层与数据链路层的接口。物理层与数据链路层的划分是必要和合理的，一个好的参考模型应该将它们区分开来，而 TCP/IP 参考模型却没有做到这一点。

3. 层次参考模型

无论是 OSI 还是 TCP/IP 参考模型都有成功和不足的方面。为了保证计算机网络教学的科学性和系统性，本书采纳安德鲁·斯图尔特·塔能鲍姆（Andrew Stuart Tanenbaum）建议的一种参考模型，即只包括五层的参考模型。该模型比 OSI 参考模型少了表示层与会话层，而用数据链路层与物理层取代了主机与网络层。

第四节　计算机网络的组成

一、计算机网络系统组成

计算机网络系统就是利用通信设备和线路将地理位置不同、功能独立的多个计算机系统互联起来，以功能完善的网络软件实现网络中资源共享和信息传递的系统。通过计算机的互联实现计算机之间的通信，从而实现计算机系统之间的信息、软件和设备资源的共享及协同工作等功能，其本质特征在于提供计算机之间的各类资源的高度共享，实现便捷地交流信息和交换思想。

计算机网络系统是由网络硬件和网络软件组成的。在网络系统中，硬件的选择对网络起着决定性的作用，而网络软件则是挖掘网络潜力的工具。

硬件系统是计算机网络的基础。硬件系统由计算机、通信设备、连接设备及辅助设备组成。硬件系统中设备的组合形式决定了计算机网络的类型，下面介绍几种网络中常用的硬件设备。

（一）服务器

服务器是一台速度快、存储量大、专用或多用途的计算机，它是网络系统的核心设备，负责网络资源管理和用户服务。服务器可分为文件服务器、远程访问服务器、数据库服务器、打印服务器等。在互联网中，服务器之间互通信息，相互提供服务，每台服务器的地位是同等的。服务器需要由专门的技术人员对其进行管理和维护，以保证整个网络的正常运行。

（二）工作站

工作站是具有独立处理能力的计算机，它是用户向服务器申请服务的终端设备。用户可以在工作站上处理日常工作，并随时向服务器索取各种信息及数据，请求服务器提供各种服务（如传输、打印文件等）。

（三）网卡

网卡又称为网络适配器，它是计算机和计算机之间直接或间接传输介质、互相通信的接口，它插在计算机的扩展槽中。一般情况下，无论是服务器还是工作站都应安装网卡。网卡的作用是将计算机与通信设施连接，将计算机的数字信号转换成通信线路能够传送的电子信号或电磁信号。网卡是物理通信的瓶颈，它的好坏直接影响用户将来的软件使用效果和物理功能的发挥。目前，常用的网卡有 10 Mbps 网卡、100 Mbps 网卡和 10 Mbps/100 Mbps 自适应网卡，网卡的总线形式有 ISA 和 PCI 两种。

（四）调制解调器（modem）

调制解调器是一种信号转换装置，它可以把计算机的数字信号“调制”成通信线路的模拟信号，将通信线路的模拟信号“解调”回计算机的数字信号。调制解调器的作用是将计算机与公用电话线连接，使得现有网络系统以外的计算机用户能够通过拨号的方式利用公用电话网访问计算机网络系统。这些计算机用户被称为计算机网络的增值用户，增值用户的计算机可以不安装网卡，但必须配备一个调制解调器。

（五）hub

hub 是在局域网中使用的连接设备，它具有多个端口，可连接多台计算机。在局域网中常以集线器为中心，用双绞线将所有分散的工作站与服务器连接在一起，形成星形拓扑结构的局域网系统。这样的网络连接在网上某个节点发生故障时不会影响其他节点的正常工作。

集线器分为普通型和交换型，交换型的传输效率比较高，目前用得较多。集线器的传输速率有 10 Mbps、100 Mbps 和 10 Mbps/100 Mbps 自适应的几种。

（六）网桥

网桥（bridge）也是在局域网中使用的连接设备。网桥的作用是扩展网络的距离，减轻网络的负载。在局域网中，每条通信线路的长度和连接的设备数都是有最大限度的，如果超载就会降低网络的工作性能。对于较大的局域网，可以采用网桥将负担过重的网络分成多个网络段，当信号通过网桥时，网桥会将非本网段的信号排除掉（即过滤），使网络信号能够更有效地使用信道，从而达到减轻网络负担的目的。由网桥隔开的网络段仍属于同一局域网，网络地址相同，但分段地址不同。

（七）交换机

交换机（switch）意为“开关”，是一种用于电（光）信号转发的网络设备，它可以为接入交换机的任意两个网络节点提供独享的电信号通路。最常见的交换机是以太网交换机，其他常见的还有电话语音交换机、光纤交换机等。交换机内部的 CPU 会在每个端口成功连接时，通过将 MAC 地址和端口对应形成一张 MAC 表。在今后的通信中，发往该 MAC 地址的数据包将仅送往其对应的端口，而不是所有的端口。因此：交换机可用于划分数据链路层广播，即冲突域；但它不能划分网络层广播，即广播域。

（八）路由器

路由器（router）是在互联网中使用的连接设备，它可以将两个网络连接在一起，组成更大的网络。被连接的网络可以是局域网也可以是互联网，连接后的网络都可以称为互联网。路由器不仅有网桥的全部功能，还具有路径的选择功能。路由器可根据网络上信息拥挤的程度，自动地选择适当的线路传递信息。

在互联网中，两台计算机之间传送数据的通路有很多条，数据包（或分组）从一台计算机出发，中途要经过多个站点才能到达另一台计算机。这些中间站点通常是由路由器组成的，路由器的作用就是为数据包（或分组）选择一条合适的传送路径。用路由器隔开的网络属于不同的局域网地址。

二、计算机网络涉及的软件

网络软件一般是指系统的网络操作系统、网络通信协议和应用级的提供网络服务功能的专用软件。

计算机网络中的软件按其功能可以划分为数据通信软件、网络操作系统和网络应用软件。

（一）数据通信软件

数据通信软件是指按着网络协议的要求完成通信功能的软件。

（二）网络操作系统

网络操作系统是用于管理网络软、硬件资源，提供简单网络管理服务的系统软件。常见的网络操作系统有 UNIX、Netware、Windows NT、Linux 等。UNIX 是一种强大的分时操作系统，以前在大型机和小型机上使用，已经向 PC 过渡。UNIX 支持 TCP/IP 协议，安全性、可靠性强，缺点是操作使用复杂。常见的 UNIX 操作系统有 SUN 公司的 Solaris、IBM 公司的 AIX、HP 公司的 HP UNIX 等。

Netware 是 Novell 公司开发的早期局域网操作系统，使用 IPX/SPX 协议，至 2011 年的最新版本 Netware 5.0 也支持 TCP/IP 协议，安全性、可靠性较强。其优点是具有 NDS 目录服务，缺点是操作使用较复杂。Windows NT Server 是微软公司为服务器而设计的，操作简单方便，缺点是安全性、可靠性较差，适用于中小型网络。Linux 是一个免费的网络操作系统，源代码完全开发，是 UNIX 的一个分支，内核基本和 UNIX 一样，具有 Windows NT 的界面，操作简单，缺点是应用程序较少。

（三）网络应用软件

网络应用软件是指能够为用户提供各种服务的软件，如浏览查询软件、传输软件、远程登录软件、电子邮件等。

网络应用软件的任务是实现网络总体规划所规定的各项业务，提供网络服务和资源共享。网络应用系统有通用和专用之分。通用网络应用软件适用于较广泛的领域和行业，如数据收集系统、数据转发系统和数据库查询系统等。专用网络应用软件只适用于特定的行业和领域，如银行核算、铁路控制、军事指挥等。一个真正实用的、具有较大效益的计算机网络除了配置上述各种软件，通常还应在网络协议软件与网络应用系统之间建立一个完善的网络应用支撑平台，为网络用户创造一个良好的运行环境和开发环境。功能较强的计算机网络通常还设立一些负责全网运行工作的特殊主机系统（如网络管理中心、控制中心、信息中心、测量中心等）。对于这些特殊的主机系统，除了配置各种基本的网络软件，还要根据它们所承担的网络管理工作开发有关的特殊网络软件。

第五章　局域网、广域网及无线网络技术

第一节　局域网技术

一、局域网概述

局域网（Local Area Network, LAN）是指在某一区域内由多台计算机互联组成的计算机组。“某一区域”指的是同一间办公室、同一幢建筑物、同一个公司或同一所学校等，一般是方圆几千米以内。局域网可以实现文件管理、应用软件共享、打印机共享、扫描仪共享、工作组内的日程安排、电子邮件和传真通信服务等功能。局域网是封闭型的，可以由办公室内的两台计算机组成，也可以由一个公司内的上千台计算机组成。

（一）局域网的功能和分类

局域网的产生始于20世纪60年代，到20世纪70年代末，由于微型计算机的价格不断下降，因而获得了广泛的使用，促进了计算机局域网技术的飞速发展，使得局域网在计算机网络中占有十分重要的位置。

1. 局域网的功能

LAN最主要的功能是提供资源共享和相互通信，它可提供以下几项主要服务。

（1）资源共享：包括硬件资源共享、软件资源共享及数据库共享。在局域网中，各用户可以共享昂贵的硬件资源，如大型外部存储器、绘图仪、激光打印机、图文扫描仪等特殊外设。用户可共享网络上的系统软件和应用软件，避免重复投资及重复劳动。网络技术可使大量分散的数据被迅速集中、分析和处理，分散在网络内的所有计算机用户都可以共享网内的大型数据库而不必重复设计这些数据库。

（2）数据传送和电子邮件：数据和文件的传输是网络的重要功能，现代局域网不仅能传送文件、数据信息，还可以传送声音、图像。局域网站点之间可提

供电子邮件服务，某网络用户可以输入信件并传送给另一个用户，收信人可打开“邮箱”阅读、处理信件并可写回信，再发回电子邮件，既节省纸张又快捷方便。

（3）提高计算机系统的可靠性：局域网中的计算机可以互为后备，避免了单机系统在无后备时出现故障导致系统瘫痪，大大提高了系统的可靠性，特别是在工业过程控制、实时数据处理等应用中尤为重要。

（4）易于分布处理：利用网络技术能将多台计算机连接成具有高性能的计算机系统，通过一定算法，将较大型的综合性问题分给不同的计算机去完成。在网络上，可以建立分布式数据库系统，使整个计算机系统的性能大大提高。

2. 局域网的分类

局域网有许多不同的分类方法，如按拓扑结构分类、按传输介质分类、按介质访问控制方法分类等。

（1）按拓扑结构分类：可分为总线网、星状网、环状网和树状网。总线网中的各站点直接接在总线上。总线网可使用两种协议：一种是传统以太网使用的CSMA/CD，这种总线网现在已演变为目前使用最广泛的星状网；另一种是令牌传递总线网，即物理上是总线网而逻辑上是令牌网，这种令牌传递总线网已成为历史，早已退出市场。近年来，由于hub的出现和双绞线大量使用于局域网中，星状以太网及多级星状结构的以太网得到了广泛使用。环状网的典型代表是令牌环网（token ring），又称“令牌环”。

（2）按传输介质分类：局域网使用的主要传输介质有双绞线、细同轴电缆、光缆等，以连接到用户终端的介质分类，局域网可分为双绞线网、细缆网等。

（3）按介质访问控制方法分类：介质访问控制方法提供传输介质上的网络数据传输控制机制，按不同的介质访问控制方式，局域网可分为以太网、令牌环网等。

（二）局域网的特点

局域网是在较小范围内将有限的通信设备连接起来的，其最主要的特点是网络的地理范围和站点（或计算机）数目均有限，且为一个单位拥有。除此以外，局域网与广域网相比较还有以下特点。

（1）具有较高的数据传输速率、较低的时延和较小的误码率。

（2）采用共享广播信道，多个站点连接到一条共享的通信媒体上，其拓扑结构多为总线状、环状和星状等。在局域网中，各站是平等关系而不是主从关系，易于进行广播（一站发，其他所有站收）和组播（一站发，多站收）。

（3）低层协议较简单。广域网范围广，通信线路长，投资大，面对的问题是如何充分有效地利用信道和通信设备，并以此来确定网络的拓扑结构和网络协议。在广域网中，多采用分布式不规则的网状结构，低层协议比较复杂。局域网由于传输距离短，时延低，成本低，相对而言通道利用率已不是人们考虑的主要问题，因而低层协议较简单，允许报文有较大的报头。

（4）局域网不单独设置网络层。由于局域网的结构简单，网内一般无须进行中间转接，流量控制和路由选择大为简化，通常不单独设立网络层，因此局域网的体系结构仅相当于 OSI/RM 的最低两层，只是一种通信网络。局域网的高层协议尚没有标准，目前由具体的局域网操作系统来实现。

（5）具有多种媒体访问控制技术。由于局域网采用广播信道，而信道可以使用不同的传输媒体，因此局域网面对的问题是多源、多目的管理，由此引出多种媒体访问控制技术，如载波监听多路访问 / 冲突检测（CSMA/CD）技术、令牌环控制技术、令牌总线控制技术和光纤分布式数据接口（FDDI）技术等。

二、局域网的工作模式

局域网有以下三种工作模式。

（一）专用服务器结构（Server–Baseb）

专用服务器结构又称为“工作站 / 文件服务器结构”，由若干台微机工作站与一台或多台文件服务器通过通信线路连接起来组成工作站存取服务器文件，共享存储设备，文件服务器以共享磁盘文件为主要目的。

对于一般的数据传递来说，专用服务器结构已经够用了，但是当数据库系统和其它复杂而被不断增加的用户使用的应用系统到来的时候，服务器已经不能承担这样的任务了，因为随着用户的增多，为每个用户服务的程序也在增多，每个程序都是独立运行的大文件，因此产生了客户机 / 服务器模式。

（二）客户机 / 服务器模式（client/server）

一台或几台较大的计算机集中进行共享数据库的管理和存取，称为服务器，而将其它的应用处理工作分散到网络中其它微机上去做，构成分布式的处理系统，服务器控制、管理数据的方式已由文件管理方式上升为数据库管理方式。因此，客户机/服务器也称为数据库服务器，注重于数据定义及存取、安全后备及还原、并发控制及事务管理，执行诸如选择检索和索引排序等数据库管理功能。它有足够的能力做到把通过其处理后用户所需的那一部分数据而不是整个文件通过网络传送到客户机端，减轻了网络的传输负荷。客户机/服务器模式是数据库技术的发展和普遍应用与局域网技术发展相结合的结果。

（三）对等网络（Peer to Peer）

对等网络在拓扑结构上与专用服务器结构和客户机/服务器模式相同。在对等网络结构中，没有专用服务器。每一个工作站既可以起到客户机的作用也可以起到服务器的作用。

虽然目前的网卡、hub 和交换机都能提供 100 M 甚至更宽的带宽，但一个局域网如果配置不当，尽管配置的设备高档而网络速度却不能令人满意，或者经常出现死机、打不开一个小文件或根本无法连通服务器的情况，特别是在一些设备档次参差不齐的网络中，这些现象更是时有发生。只有在局域网中恰当地进行配置，才能使网络性能尽可能地得到优化，最大限度地发挥网络设备、系统的性能。

其实，局域网也是由一些设备和系统软件通过一种连接方式组成的，所以局域网的优化包括以下几个方面。

设备优化：传输介质的优化、服务器的优化、hub 与交换机的优化等。

软件系统的优化：服务器软件的优化和工作站系统的优化。

布局的优化：布线和网络流量的控制。

三、介质访问控制方式

介质访问控制技术是局域网的一项重要技术，主要是解决信道的使用权问题。局域网的介质访问控制包括两方面的内容：一是确定网络中的每个节点能够将信息发送到传输介质上的特定时刻；二是如何对公用传输介质的访问和利用加以控制。

介质访问控制协议主要分为以下两大类。

一类是争用型访问协议，如 CSMA/CD 协议。它是一种随机访问技术，在网络站点访问介质时可能产生冲突现象，导致网络传输失败，使站点访问介质的时间具有不确定性。采用 CSMA/CD 协议的网络主要有以太网。

另一类是确定型访问协议，如令牌访问协议。站点以一种有序的方式访问介质而不会产生任何冲突，并且站点访问介质的时间是可以测算的。采用令牌访问协议的网络有令牌总线网、令牌环网等。

（一）CSMA/CD

Ethernet 采用的是争用型介质访问控制协议，即 CSMA/CD，它在轻载情况下具有较高的网络传输效率。这种争用协议只适用于逻辑上属于总线拓扑结构的网络。在总线网络中，每个站点都能独立地决定帧的发送，若两个或两个以上的站点同时发送帧，就会产生冲突，导致所发送的帧出错。总线争用技术可以分为 CSMA 和 CSMA/CD 两大类。

要传输数据的站点首先监听媒体上的载波是否存在（即有无传输）。如果媒体空闲，该站点便可传输数据；否则，该站点将避让一段时间后再进行尝试。这种方法就是载波监听多路访问 CSMA 技术。在 CSMA 中，由于没有冲突检测功能，即使冲突已发生，仍然要将已破坏的帧发送完，使总线的利用率降低。

一种 CSMA 的改进方案是使发送站点在传输过程中仍继续监听媒体，以检测是否存在冲突。若存在冲突，则立即停止发送，并通知总线上其它各个站点，即 CSMA/CD。CSMA/CD 协议与电话会议非常类似，许多人可以同时在线路上进行对话。但如果每一个人都在同时讲话，则用户只能你将听到一片噪声；如果每个人都等别人讲完后再讲，则用户可以理解各人所说的话。

数据帧在使用 CSMA/CD 技术的网络上进行传输时，一般按下列四个步骤来进行。

（1）传输前监听。各工作站不断地监听介质上的载波（电缆上的信号），以确定介质上是否有其它站点在发送信息。如果工作站没有监听到载波，则它假定介质空闲并开始传输。如果介质忙，则继续监听，一直到介质空闲时再发送。

（2）传输并检测冲突。在发送信息帧的同时，还要继续监听总线。如果同一段上的其它工作站同时传输，则数据在电缆上将产生冲突，冲突由介质上的信息来识别。当介质上的信号等于或大于由两个或两个以上的收发器同时传输所产生的信号时，则认为冲突产生。

（3）如果冲突发生，则进行重传前等待。如果工作站在冲突后立即重传，则它的第二次传输也将产生冲突，因此工作站在重传前必须随机地等待一段时间。

（4）重传或夭折。若工作站是在繁忙的介质上，即便其数据没有在介质上与其它数据产生冲突，也可能不能进行传输。工作站在它必须夭折传输前最多可以有 16 次的传输。

（二）令牌访问控制方法

令牌法（token passing）又称“许可证法”，用于环形结构局域网的令牌法称为令牌环访问控制法（token ring），用于总线结构局域网的令牌法称为令牌总线访问控制法（token bus）。

令牌法的基本思想：一个独特的称为令牌的标志信息（可以是一位，也可以是多位二进制数组成的码）从一个节点发送到另一个节点。例如，令牌是一个字节的二进制数“11111111”，设该令牌沿环形网依次向每个节点传递，只有获得令牌的节点才有权发送信包。令牌有“忙”“空”两个状态，“11111111”为空令牌状态。当一个工作站准备发送报文信息时，首先要等待令牌的到来，当检测到一个经过它的令牌为空令牌时，即可以“帧”为单位发送信息，并将令牌置为“忙”（如将“00000000”标志附在信息尾部）向下一站发送。下一站用按位转发的方式转发经过本站但又不由本站接收的信息。由于环中已无空闲令牌，因此其它希望发送的工作站必须等待。接收过程为每一站随时检测经过本站的信号，当查到信包指定的目的地址与本站地址相同时，则一边拷贝全部有关信息，一边继续转发该信息包，环上的帧信息绕环网一周，由原发送点予以收回。按这种方式工作，发送权一直在源站点的控制之下，只有发送信包的源站点放弃发送权，把令牌置“空”后，其他站点得到令牌才有机会发送自己的信息。

令牌环访问控制法是美国 IBM 公司 1995 年推出的局域网产品，已发展为 IEEE 802.5 局域网标准，其网络拓扑为环形基带传输。环形网的主要特点是只有一条环路，信息单向沿环流动，无路径选择问题，令牌是隐式（无寻址信息）地传输到环上的每一个节点的。环路是一个含有有源部件的信道，环中的每一个节点都具有放大整形作用，负载能力强，对信道的访问控制技术比较简单。

四、以太网技术

在网络世界里，以太网技术可以说无处不在。尽管以太网的历史还算不上悠久，但以太网的性能已经非常可靠和稳定了。它成本低廉，易于管理和维护，可伸缩性强，千兆位以太网技术的发展进一步扩展了以太网技术的可伸缩性。现在，几乎所有流行的操作系统和应用都是兼容以太网的，这些都是吸引用户使用以太网技术的重要因素。

正如前面所提到的，以太网采用的协议是 CSMA/CD，符合 IEEE802.3 标准，但是以太网只表示了实现 802.3 的某个特定产品。按照传输速率，人们通常把以太网分为 10 M 以太网、100 M 以太网、1000 M 以太网和万兆以太网。

（一）传统以太网

传统以太网又叫 10 M 以太网。常用的 10 M 以太网标准有 10Base5、10Base2、10Base-T 和 10Base-F 等。

10Base5 网络采用 50 Ω 粗的同轴电缆，并使用外部收发器的以太网，所以又被称为粗以太网。其网络拓扑结构为总线结构，连接处通常采用插入式分接头，将其触针插入同轴电缆的内芯。

10Base2 网络是指采用 50 Ω 细的同轴电缆并使用网卡内部收发器的以太网，所以又被称为细以太网。它的网络拓扑结构为总线结构，接头处采用工业标准的 BNC 连接器组成 T 型插座，而不是采用插入式分接头，因此使用灵活，可靠性高。

10Base-T 中的“T”表示双绞线。10Base-T 是采用无屏蔽双绞线（UDP）实现 10 MBps 传输速率的以太网，10Base-T 技术的特点是通过集线器与 10Base-T 物理介质连接，这种结构使增添和移去站点都十分简单，并且很容易检测到电缆故障。

因为 10Base-T 网络采用的是和电话系统相一致的星形结构，且使用相同的 UDP 电缆，能够很容易地实现网络线和电话线的统一布线，以实现综合布线系统，这使得 10Base-T 网络的安装和维护简单易行且费用低廉，因此它的应用也越来越广泛。

10Base-F 网络采用光纤作为传输介质，这种介质具有良好的抗干扰性，但费用昂贵。

（二）100 M 以太网

速度达到或者超过 100 Mbps 的以太网称为快速以太网。10 Mbps 以太网可以方便地升级为快速以太网，原有的 10 M 型 LAN 可以无缝地连接到 100 M 型 LAN 上，这是其他新型网络技术所无法比拟的。

常见的快速以太网有以下几种类型。

1.100Base－T4

如果用户想在速率有限的基础设施上获得快速以太网的性能而又不想升级网络电缆，100Base-T4 可能会比较适合。它使用 3 类 UTP，采用的信号速度为 25 MHz，需要四对双绞线，不使用曼彻斯特编码，而是使用三元信号，每个周期发送 4 bit，这样就获得了所要求的 100 Mb/s，还有一个 33.3 Mb/s 的保留信道。该方案即“8B6T”（8 比特被映射为 6 个三进制位）。

2.100Base－TX

100Base-TX 的性能类似于 100Base-T4，但是使用 5 类 UTP，设计比较简单。因为它可以处理速率高达 125 MHz 的时钟信号，每个站点只需使用两对双绞线，一对连向集线器，另一对从集线器引出。它没有采用直接的二进制编码，而是采用了一种运行在 125 MHz 下的被称为 4B5B 的编码方案。100Base-TX 是全双工的系统。与 100Base-T4 相比，100Base-TX 拥有更加可靠的网络结构来传递数据。100Base-T4 和 100Base-TX 可使用两种类型（共享式、交换式）的集线器，它们统称为 100Base-T。

3.100Base－FX

100Base-FX 拥有同样的传输速率和更强的性能，但费用昂贵。它使用两束多模光纤，每束都可用于两个方向，因此它也是全双工的，并且站点与集线器之间的最大距离高达 2 km。

（三）千兆以太网

千兆以太网的标准规定：允许以 1 Gb/s 的速率进行半双工、全双工操作，这样带宽将增加 10 倍，从而以高达 1000 Mbps 的速率传输。千兆以太网使用 802.3 以太网帧格式，由于它与 10 Mbps 的以太网和 100 Mbps 的快速以太网使用同样的数据结构，因此现在使用以太网技术的用户可以很容易地升级到千兆以太网。为了在保持 G 级速率的条件下仍能维持 200 m 的网络访问距离，千兆以太网增强了 CSMA/CD 的功能，采用了包突发（packet bursting）机制。它的物理层支持多种传输媒体，可以使用光纤、同轴电缆，甚至 UDP 等各种介质。

常见的千兆以太网标准有 1000Base-SX、1000Base-LX、1000Base-CX 等。千兆以太网产品包括交换机、上联 / 下联模块、网卡、路由器接口和数据缓冲分配器。

千兆以太网在传统以太网的基础上平滑过渡，综合了现有的端点工作站、管理工具和培训基础等各种因素。对于广大的网络用户来说，这意味着现有的投资可以在合理的初始开销上延续到千兆以太网，不需要重新培训技术人员和用户，不需要进行另外的协议和中间件的投资。由于以上原因，千兆以太网将成为10/100BASE-T交换机、连接高性能服务器的理想主干网互联技术，成为未来高于100BASE-T带宽的台式计算机升级的理想技术。下面介绍几种常见的升级方案。

1. 从交换机到交换机链路的升级

从交换机到交换机链路这是一个非常直接的升级方案，就是将快速以太网交换机之间或中继器之间的100 Mbps链路提高到1000 Mbps。

2. 从交换机到服务器链路的升级

将快速以太网交换机升级为千兆以太网交换机，以获得从具备千兆以太网网卡的高性能的超级服务器集群到网络的高速互联能力。

3. 交换式快速以太主干网的升级

连接多个10/100BASE-T交换机的快速以太网主干交换机可以升级为千兆以太网交换机。升级后，高性能的服务器可以通过千兆以太网接口卡直接连接到主干上，为宽带用户提供更强的访问能力。同时，该网络可以支持更多的网段，为每个网段提供更宽的带宽，使各网段支持更多的节点接入。

（四）万兆以太网

万兆以太网也称10 G以太网。以太网的传输速率从1000 Mbps提高到10 000 Mbps要解决许多技术问题。万兆以太网的主要特点如下。

（1）采用802.3以太网的帧格式，保留了802.3标准规定的以太网最小和最大帧长，这就便于升级后的以太网能和较低速的以太网通信。

（2）只工作在全双工工作方式中，因此不存在争用问题，也就不使用CSMA/CD协议。

（3）为了实现高速率传输，万兆以太网只使用光纤作为传输媒体，不再使用铜线，并且使用长距离（超过40 km）的光收发器与单模光纤接口，使它能够在广域网和城域网的范围工作。万兆以太网能够使用多种光纤媒体。当使用多模光纤时，传输距离为900 m；在使用单模光纤时，可支持10 km；当使用1550 nm波长的单模光纤时，传输距离可达40 km。

（4）万兆以太网的物理层不再使用已有的光纤通道技术，而是使用新开发的技术。例如，信号采用 64 B/66 B 编码，也就是说每发送 64 bit 用 66 bit 成编码数据段，比特利用率达 97%，而千兆以太网的 8 B/10 B 编码的比特利用率只有 80%。万兆以太网的物理层分为局域网物理层和广域网物理层两种。

①局域网物理层：数据率是 10.000 Gbps。一个万兆以太网交换机可以支持 10 个千兆以太网端口。

②广域网物理层：万兆以太网只有异步接口，为了能和同步光纤同步数字体系 SONET/SOH（即 OC-192/STM-64）连接，要设置可选的广域网物理层，使其具有 SONET/SOH 的某些特性。

万兆以太网的出现使以太网的工作范围从局域网扩大到城域网和广域网，从而实现了端到端的以太网传输。在统一的以太网方式下，其具有以下优点。

（1）网络的互操作性好。不同厂家生产的以太网都能可靠地进行互操作。

（2）降低投资费用。在广域网中使用以太网，其价格只有 SONET 的 1/5、ATM 的 1/10。而且，以太网能适应多种传输媒介，如铜缆、双绞线及各种光缆，这就使具有不同传输媒介的用户在进行通信时不必重新布线，从而节约投资。

（3）简化操作和管理。因为端到端的以太网连接使用的全都是以太网的格式，不需要再进行帧格式的格式转换。但是，以太网和现有其他网络（如帧中继或 ATM 网络）进行互联时仍然需要相应的接口。

第二节　广域网技术

广域网（Wide Area Network, WAN）由一些结点交换机及连接这些交换机的链路组成。这些链路一般采用光纤线路或点对点的卫星链路等高速链路，其距离没有限制。结点交换机的交换方式采用报文分组的存储转发方式，而且为了提高网络的可靠性，结点交换机同时与多个结点交换机相连，目的是为某两个结点交换机之间提供多条冗余的链路，这样当某个结点交换机或线路出现问题时不至于影响整个网络的运行。在广域网内，这些结点交换机和它们之间的链路由电信部门提供，网络由多个部门或多个国家联合组建而成，并且网络的规模很大，能实现整个网络范围内的资源共享。另外，从体系结构上看，局域网与广域网的差别也很大：局域网的体系结构中，主要层次有物理层和数据链路层两层；广域网目前主要采用的是TCP/IP体系结构，所以它的主要层次是网络接口层、网络层、运输层和应用层，其中网络层的路由选择问题是广域网首先要解决的问题。在现实世界中，广域网往往由很多不同类型的网络互连而成。如果仅是把几个网络在物理上连接在一起，并且它们之间不能进行通信，那么这种“互连”并没有实际意义。因为，通常在谈到“互连”时，就已经暗示这些相互连接的计算机是可以进行通信的。

一、广域网的基本概念

（一）广域网简介

当主机之间的距离较远时（如相隔几十或几百千米，甚至几千千米），局域网显然就无法完成主机之间的通信任务了。这时就需要另一种结构的网络，即广域网。广域网是以信息传输为主要目的的数据通信网，是进行网络互联的中间媒介。由于广域网能连接多个城市或国家，并能实现远距离通信，因而又称为远程网。广域网与局域网之间既有区别，又有联系。

对于局域网，人们更多关注的是如何根据应用需求来规划、建立和应用，强调的是资源共享；对于广域网，人们侧重的是网络能够提供什么样的数据传输业务，以及用户如何接入网络等，强调的是数据传输。由于广域网与局域网的体系结构不同，因此它们的应用领域也不同。广域网具有传输媒体多样化、连接多样化、结构多样化、服务多样化的特点，广域网技术及其管理都很复杂。

（二）广域网的组成与分类

与局域网相似，广域网也由通信子网和资源子网（通信干线、分组交换机）组成。

广域网中包含很多用来运行系统程序、用户应用程序的主机，如服务器、路由器、网络智能终端等。其通信子网工作在OSI/RM的下3层，OSI/RM高层的功能由资源子网完成。

广域网中的节点交换机执行将分组转发出去的功能。节点之间都是点到点连接的，但为了提高网络的可靠性，通常一个结点交换机往往与多个节点交换机相连。受经济条件的限制，广域网都不使用局域网普遍采用的多点接入技术。从层次上考虑，广域网和局域网的区别也很大，因为局域网使用的协议主要在数据链路层（还有少量的物理层的内容），而广域网使用的协议在网络层。广域网中存在的重要问题就是路由选择和分组转发。

然而，广域网并没有严格的定义。通常来说，广域网是指覆盖范围很广（远远超过一个城市的范围）的长距离网络。由于广域网的造价较高，一般都由国家或规模较大的电信公司出资建造。广域网是互联网的核心部分，其任务就是长距离（如跨越不同的国家）运送主机所发送的数据。连接广域网各节点交换机的链路都是高速链路，可以是几千千米的光缆线路，也可以是几万公里的点对点卫星链路。因此，广域网首先要考虑的问题就是它的通信容量必须足够大，以便支持日益增长的通信量。

广域网和局域网都是互联网的重要组成构件，尽管它们的价格和作用距离相差很远，但从互联网的角度来看，广域网和局域网却都是平等的。这里的一个关键就是广域网和局域网有一个共同点：连接在一个广域网或一个局域网上的主机在该网内进行通信时，只需要使用其网络的物理地址即可。

根据传输网络归属的不同，广域网可以分为公共 WAN 和专用 WAN 两大类。公共 WAN 一般由政府电信部门组建、管理和控制，网络内的传输和交换装置可以租用给任何部门和单位使用。专用 WAN 是由一个组织或团队自己建立、控制、维护并为其服务的私有网络。专用 WAN 还可以通过租用公共 WAN 或其他专用 WAN 的线路来建立。专用 WAN 的建立和维护成本要比公共 WAN 大，但对于特别重视安全和数据传输控制的公司来说，拥有专用 WAN 是实现高水平服务的保障。

根据采用的传输技术的不同，广域网可以分为电话交换网、分组交换广域网和同步光纤网络三类。广域网主要由公用数据网（PDN）和交换结点组成。如果按公用数据网划分，有 PSTN、ISDN、X.25、DDN、FR、ATM 等几种。按交换结点相互连接的方式进行划分，可分为以下 3 种类型。

1. 线路交换网

线路交换网即电路交换网，是面向连接的交换网络。

（1）公用交换电话网（PSTN）：常被称为“电话网”，是人们打电话时所依赖的传输和交换网络，是数字交换和电话交换两种技术的结合。

（2）综合业务数据网：以电话综合数字网（IDN）为基础发展起来的通信网，是由国际电报和电话顾问委员会（CCITT）与各国的标准化组织开发的一组标准。

ISDN 的主要目标就是提供适合于声音和非声音的综合通信系统来代替模拟电话系统。

ISDN 的发展分为两个阶段：第一代为窄带综合业务数字网（N-ISDN），第二代为宽带综合业务数字网（B-ISDN）。

N-ISDN 基于有限的特定带宽；B-ISDN 基于 ATM 的综合业务数字网，它的最高速率是 N-ISDN 的 100 倍以上。

2. 专用线路网

专用线路网是通过电信运营商在通信双方之间建立的永久性专用线路，适合于有固定速率的大通信量网络环境。目前最流行的专用线路类型是 DDN。

3. 分组交换网

分组交换网（PSDN）是一种以分组为基本数据单元进行数据交换的通信网络。PSDN 诞生于 20 世纪 70 年代，是最早被广泛应用的广域网技术，著名的 ARPAnet 就是使用分组交换技术组建的。通过公用分组交换网不仅可以将相距很远的局域网互联起来，也可以实现单机接入网络。它采用分组交换（包交换）传输技术，是一种包交换的公共数据网。典型的分组交换网有 X.25 网、帧中继网、ATM 等。

（三）广域网提供的服务

为了适应广域网的特点，广域网提供了面向连接的服务模式和面向无连接的服务模式。

1. 面向连接的服务模式（虚电路服务）

面向连接的服务模式好比电话系统，进行数据传输之前要建立连接，然后方可进行数据传输。

2. 面向无连的接服务模式（数据报服务）

面向无连的接服务模式好比邮政系统，每个数据分组带有完整的目的地址，经由系统选择的不同路径独立进行传输。

上述两种服务模式各有所长。在实际应用中，对于信道数据传输质量较好、实时性要求不高的应用，采用面向无连接的服务模式较好；相反，则采用面向连接的服务模式较好。对应两种不同的数据传输模式，广域网提供了虚电路和数据报两种不同的组网方式。

网络提供数据报服务的特点：网络随时都可接收主机发送的分组（即数据报），并为每个分组独立地选择路由。网络只是尽最大努力将分组交付给目的主机，但网络对源主机没有任何承诺。网络不保证所传送的分组不丢失，也不保证按源主机发送分组的先后顺序及在多长的时限内必须将分组交付给目的主机。当需要把分组按发送顺序交付给目的主机时，在目的站还必须把收到的分组缓存一下，等到能够按顺序交付主机时再进行交付。当网络发生拥塞时，网络中的某个结点可根据当时的情况将一些分组丢弃（注意，网络并不是随意丢弃分组）。所以，数据报提供的服务是不可靠的，它不能保证服务质量。实际上，“尽最大努力交付”的服务就是没有质量保证的服务。

需要注意的是，由于采用了存储转发技术，所以这种虚电路和电路交换的连接有很大的不同。在电路交换的电话网上打电话时，两个用户在通话期间自始至终地占用一条端到端的物理信道。但当用户占用一条虚电路进行主机通信时，由于采用的是存储转发的分组交换，所以只是断续地占用一段又一段的链路。建立虚电路的好处是可以在数据传送路径上的各交换结点预先保留一定数量的资源（如带宽、缓存），作为对分组的存储转发之用。

在虚电路建立后，网络向用户提供的服务就好像在两个主机之间建立了一对穿过网络的数字管道（收发各用一条）。所有发送的分组都按发送的前后顺序进入管道，然后按照先进先出的原则沿着此管道传送到目的站主机。因为是全双工通信，所以每一条管道只沿着一个方向传送分组。这样，到达目的站的分组顺序就与发送时的顺序一致，因此网络提供虚电路服务对通信的服务质量（quality of service, QoS）有较好的保证。

虚电路服务的思路来源于传统的电信网。电信网将其用户终端（电话机）做得非常简单，而电信网负责保证可靠通信的一切措施，因此电信网的结点交换机复杂而昂贵。

数据报服务使用另一种完全不同的新思路，它力求使网络生存性好，使对网络的控制功能分散，因而只能要求网络提供尽最大努力的服务。但这种网络要求使用较复杂且有相当智能水平的主机作为用户终端。可靠通信由用户终端中的软件（即 TCP）来保证。

根据统计，在网络上传送的报文长度在很多情况下都很短。若采用 128 个字节作为分组长度，则往往一次传送一个分组就够了。这样，用数据报既迅速又经济。若用虚电路，为了传送一个分组而建立虚电路和释放虚电路就显得太浪费网络资源了。

为了在交换结点进行存储转发，在使用数据报时，每个分组必须携带完整的地址信息。但在使用虚电路的情况下，每个分组不需要携带完整的目的地址，仅需要有一个很简单的虚电路号码的标志，这就使分组的控制信息部分的比特数减少，因而减少了额外开销。

对待差错处理和流量控制，这两种服务也是有差别的。在使用数据报时，主机承担端到端的差错控制和流量控制。在使用虚电路时，分组按顺序交付，网络可以负责差错控制和流量控制。

数据报服务对军事通信有其特殊的意义，这是因为每个分组都可独立地选择路由，当某个结点发生故障时，后续的分组就可另选路由，因而提高了可靠性。但在使用虚电路时，一旦结点发生故障就必须重新建立另一条虚电路。数据报服务还很适合于将一个分组发送到多个地址（即广播或多播），这一点正是当初ARPANET 选择数据报的主要理由之一。

二、窄带数据通信网

（一）基本概念

将网络接入速度为 64 Kbps（最大下载速度为 8 KB/s）及 64 Kbps 以下的网络接入方式称为“窄带”。相对于宽带而言，窄带的缺点是接入速度慢，传输速率低，很多互联网应用无法在窄带环境下进行，如在线电影、网络游戏、高清晰度的视频及语音聊天等，当然更无法下载较大的文件。拨号上网是最常见的一种窄带。在通信系统中，窄带系统是指已调波信号的有效带宽比其所在的载频或中心频率要小得多的信道。

（二）公用分组交换网 X.25

X.25 网就是 X.25 分组交换网，它是在几十年前根据 CCITT（即现在的 ITU-T）的 X.25 建议书实现的计算机网络。X.25 网在推动分组交换网的发展中曾做出了很大的贡献。但是，现在已经有了性能更好的网络来代替它，如帧中继网或ATM 网。

X.25 只是一个对公用分组交换网接口的规约，其讨论的都是以面向连接的虚电路服务为基础的内容。

DTE 与 DCE 的接口实际上也就是 DTE 和公用分组交换网的接口。由于 DCE 通常是用户设施，因此可将 DCE 排除在网络外。

值得注意的是，当利用现有的一些 X.25 网来支持因特网的服务时，X.25 网就表现为数据链路层的链路。

（三）FR

FR 又称“快速分组交换”，它是在 PSDN 的基础上发展起来并在 ISDN 标准化过程中一项最重要的革新技术，是在数字光纤传输线路逐渐代替原有的模拟线路、用户终端日益智能化的情况下，由 X.25 分组交换网发展起来的一种快速分组交换网。

1.FR 的工作原理

在 20 世纪 80 年代后期，许多应用都迫切要求提升分组交换服务的速率。然而，X.25 网络的体系结构并不适合于高速交换，可见需要研制一种支持高速交换的网络体系结构，FR 就是为这一目的而提出的。FP 在许多方面非常类似于 X.25 网，它被称为第二代的 X.25 网。在 1992 年问世后不久，FP 就得到了很大的发展。

在 X.25 网络发展初期，网络传输设施基本借用了模拟电话线路，这种线路非常容易受到噪声的干扰而产生误码。为了确保传输无差错，X.25 网在每个结点都需要做大量的处理。例如，X.25 网的数据链路层协议 LAPB 保证了帧在结点间无差错传输。在网络中的每一个结点，只有当收到的帧已进行了正确性检查后，才将它交付给第 3 层协议。对于经历多个网络结点的帧，这种处理帧的方法会导致较长的时延。除了数据链路层的开销，分组层协议为确保在每个逻辑信道上按序正确传送，还要有一些处理开销。在一个典型的 X.25 网络中，分组在传输过程中在每个结点大约有 30 次的差错检查或其他处理步骤。

今天的数字光纤网比早期的电话网具有低得多的误码率，因此完全可以简化 X.25 网的某些差错控制过程。如果缩短结点对每个分组的处理时间，则各分组通过网络的时延亦可缩短，同时结点对分组的处理能力也就增强了。

帧中继就是一种缩短结点处理时间的技术。帧中继的原理很简单，当帧中继交换机收到一个帧的首部时，只要一查出帧的目的地址就立即开始转发该帧。因此，在帧中继网络中，一个帧的处理时间比 X.25 网约减少一个数量级。这样，帧中继网络的吞吐量要比 X.25 网提高一个数量级以上。

那么若出现差错该如何处理呢？显然，只有当整个帧被接收后该结点才能够检测到比特差错，但是当结点检测出差错时，很可能该帧的大部分已经转发出去了。

解决这一问题的方法实际上非常简单。当检测到有误码时，结点要立即中止这次传输。当中止传输的指示到达下个结点后，下个结点也立即中止该帧的传输，并丢弃该帧。即使上述出错的帧已到达了目的结点，用这种丢弃出错帧的方法也不会引起不可弥补的损失。不管是上述的哪一种情况，源站将用高层协议请求重传该帧。帧中继网络纠正一个比特差错所用的时间当然要比 X.25 网稍长一些。因此，仅当帧中继网络本身的误码率非常低时，帧中继技术才是可行的。

帧中继采用了两种关键技术，即“虚拟租用线路”和“流水线”技术，从而使帧中继能够面向需要高带宽、低费用、低额外开销的用户群，从而得到广泛应用。

帧中继交换机是帧中继网络的核心，其功能作用类似于以太网交换机，都是在数据链路层完成对帧的传送。帧中继网络中的用户设备负责把数据帧传送到帧中继网络。

当正在接收一个帧时就转发此帧，通常被称为快速分组交换（fast packet switching）。快速分组交换是根据网络中传送的帧长是可变的还是固定的来划分的。在快速分组交换中：当帧长可变时就是帧中继；当帧长固定时（这时每一个帧叫作一个信元）就是信元中继（cell relay），像 ATM 就属于信元中继。

帧中继的数据链路层没有流量控制能力，其流量控制由高层来完成。

帧中继的呼叫控制信令是在与用户数据分开的另一个逻辑连接上传送的（即共路信令或带外信令），这一点和 X.25 网很不相同。X.25 网使用带内信令，即呼叫控制分组与用户数据分组都在同一条虚电路上传送。

帧中继的逻辑连接的复用和交换都在第二层处理，而不是像 X.25 网在第三层处理。

帧中继网络向上提供面向连接的虚电路服务。虚电路一般分为 SVC 和 PVC 两种，但帧中继网络通常为相隔较远的一些局域网提供链路层的永久虚电路服务。永久虚电路的好处是在通信时可省去建立连接的过程。

2. 帧中继的帧格式

下面简单介绍帧中继各字段的作用。

（1）标志：一个 01111110 的比特序列，用于指示一个帧的起始和结束。它的唯一性是通过比特填充法来确保的。

（2）信息：长度可变的用户数据。

（3）帧检验序列：包括 2 字节的 CRC 检验。当检测出差错时，就将此帧丢弃。

（4）地址：一般为 2 字节，但也可扩展为 3 或 4 字节。

地址字段中的几个重要部分如下。

第一，数据链路连接标识符 DLCI。DLCI 字段的长度一般为 10 bit（采用默认值 2 字节地址字段），但也可扩展为 16 bit（用 3 字节地址字段）或 23 bit（用 4 字节地址字段），这取决于扩展地址字段的值。DLCI 的值用于标识 PVC、呼叫控制或管理信息。

第二，前向显式拥塞通知（forward explicit congestion notification, FECN）。若某结点将 FECN 置为 1，表明与该帧在同方向传输的帧可能受网络拥塞的影响而产生时延。

第三，反向显式拥塞通知（backward explicit congestion notification, BECN）。若某结点将 BECN 置为 1，表明与该帧反方向传输的帧可能受网络拥塞的影响产生时延。

第四，可丢弃指示（discard eligibility, DE）。在网络发生拥塞时，为了维持网络的服务水平就必须丢弃一些帧。显然，网络应当先丢弃一些比较不重要的帧。帧的重要性体现在 DE 比特。DE 比特为 1 的帧表明这是较为不重要的低优先级帧，在必要时可丢弃。而 DE 比特为 0 的帧为高优先级帧，希望网络尽可能不要丢弃这类帧。用户采用 DE 比特就可以比通常允许的情况多发送一些帧，并将这些帧的 DE 比特置为 1（表明这是较为次要的帧）。

应当注意：DLCI 只具有本地意义。在一个帧中继的连接中，在连接两端的用户网络接口（UNI）上所使用的两个 DLCI 是各自独立选取的。帧中继可同时将多条不同 DLCI 的逻辑信道复用在一条物理信道中。

3. 帧中继的服务

帧中继是一个简单的面向连接的虚电路分组业务，允许用户以高于约定传输速率的速率发送数据，而不必承担额外费用。帧中继可适用于以下情况。

第一，在用户通信所需带宽要求为 64 kbps ~ 2 Mbps，且参与通信的用产多于两个。

第二，通信距离较长，应优先选用帧中继。

第三，数据业务量为突发性的，由于帧中继具有动态分配带宽的能力，选用帧中继可以有效处理。

第四，帧中继适合于远距离或突发性的数据传输，特别适用于局域网之间的互联。

若用户需要接入帧中继网，可以根据用户的网络类型选择适合的组网方式。

（1）局域网接入：用户接入帧中继网络一般通过 FRAD 设备，FRAD 指支持帧中继的主机、网桥、路由器等。

（2）终端接入：终端通常是指 PC 或大型主机，大部分终端是通过 FRAD 设备接入帧中继网络的。如果是具有标准 UNI 的终端，如具有 PPP、SNA 或 X.25 协议的终端，则可作为帧中继终端直接接入帧中继网络。帧中继终端或 FRAD 设备可以采用直通用户电路接入帧中继网络，也可采用电话交换电路或 ISDN 交换电路接入帧中继网络。

（3）专用帧中继网接入：用户专用帧中继网接入公用帧中继网时，通常将专用网中的规程接入公用帧中继网络。

帧中继的应用十分广泛，但主要用在公共或专用网上的局域网互联及广域网连接。局域网互联是帧中继最典型的一种应用，在世界上已经建成的帧中继网络中，其用户数量占 90% 以上。帧中继网络可以将几个结点划分为一个分区，并可设置相对独立的网络管理机构对分区内的各种资源进行管理。帧中继可以为医疗、金融机构提供图像、图表的传送业务。在不久的将来，“帧中继电话”将被越来越多的企业采用。

三、宽带综合业务网

（一）综合业务网

众所周知，通信网的两个重要组成部分是传输系统和交换系统。当一种网络的传输系统和交换系统都采用数字系统时，就称为 IDN。如果将各种不同的业务信息经数字化后都在同一个网络中传送，这就是综合业务数字网。

ISDN 的提出最早是为了综合电信网的多种业务网络。由于传统通信网是业务需求推动的，所以各个业务网络如电话网、电报网和数据通信网等各自独立且业务的运营机制各异。对网络运营商而言，其运营、管理、维护复杂，资源浪费；对用户而言，其业务申请手续复杂，使用不便，成本高；同时对整个通信的发展来说，这种异构体系对未来发展的适应性极差。因此，将话音、数据、图像等各种业务综合在统一的网络内成为一种必然，这就是 ISDN 的提出。

ISDN 是 IDN 的延伸，该标准的提出打破了传统的电信网和数据网之间的界限，并使得各种用户的各种业务需求能得以实现。其另一个突出特点是它不是从业务网络本身去寻求统一，而是抓住了所有这些业务的本质——服务于用户，即改变了以往按业务组网的方式，从用户的观点去设计标准、设计整个网络，避免了网络资源和号码资源的大量浪费。

ISDN 定义强调的要点如下。

（1）ISDN 是以 IDN 为基础发展起来的通信网。

（2）ISDN 支持各种电话和非电话业务，包括话音、数据传输、可视图文、智能用户电报、遥测和告警等业务。

（3）提供开放的标准接口。

（4）用户通过端到端的共路信令实现灵活的智能控制。

（二）B-ISDN

N-ISDN 能够提供 2 Mbit/s 以下的数字综合业务，具有较好的经济和实用价值。但在当时（即 20 世纪 80 年代），鉴于技术能力与业务需求的限制，N-ISDN 存在以下局限性。

（1）信息传送速率有限，用户－网络接口速率局限于 2048 kbit/s 或 1544 kbit/s，无法实现电视业务和高速数据业务，难以提供更新的业务。

（2）其基础是 IDN，所支持的业务主要是 64 kbit/s 的电路交换业务，对技术发展的适应性很差。例如，如果信源编码使话音传输速率低于 64 kbit/s，由于网络本身传输和交换的基本单位是 64 kbit/s，故网络分配的资源仍为 64 kbit/s，使用先进的信源编码技术也无法提高网络资源的利用率。

（3）N-ISDN 的综合是不完全的，虽然它综合了分组交换业务，但这种综合只是在用户入网接口上实现，在网络内部仍由分开的电路交换和分组交换实体来提供不同的业务，即在交换和传输层次，并没有很好地利用分组业务对于不同速率、变比特率业务灵活支持的特性。

（4）N-ISDN 只能支持话音及低速的非话音业务，不能支持不同传输要求的多媒体业务，同时整个网络的管理和控制是基于电路交换的，因此其功能简单，无法适应宽带业务的要求。

综上所述，人们需要一种以高效、高质量支持各种业务，不由现有网络演变而成，采用崭新的传输方式、交换方式、用户接入方式及网络协议的宽带通信网，以提供高于 PCM 一次群速率的传输信道，适应从速率最低的遥测遥控到高清晰度电视 HDTV 的宽带信息检索业务，都以同样的方式在网络中传送和交换，共享网络资源。同时，与提供同样业务的其他网络相比，它的生产、运行和维护费用都比较低廉，当时 CCITT 将这种网络定名为宽带 ISDN 或 B-ISDN。

要形成 B-ISDN，其技术的核心是高效的传输、交换和复用技术。人们在研究、分析了各种电路交换和分组交换技术之后，认为快速分组交换是唯一可行的技术。国际电信联盟（ITU）于 1988 年把它正式命名为 ATM，并推荐为 B-ISDN 的信息传递模式。ITU 在 I.113 建议中定义：ATM 是一种传递模式，在这一模式中，信息被组成信元（cell）；“异步”是指发时钟和收时钟之间容许“异步运行”，其差别用插入 / 取消信元的方式去调整；“传递模式”是指信息在网络中包括了传输和交换两种方式。

（三）ATM 简介

现有的电路交换和分组交换在实现宽带高速的交换任务时，都表现出了一些缺点。

对于电路交换，当数据的传输速率及其突发性变化非常大时，交换的控制就变得十分复杂。对于分组交换，当数据传输速率很高时，协议数据单元在各层的处理成为很大的开销，无法满足实时性很强的业务的时延要求，特别是基于 IP 的分组交换网不能保证服务质量。但电路交换的实时性和服务质量都很好，而分组交换的灵活性很好，因此人们曾经设想过“未来最理想的一种网络”应当是宽带综合业务数字网 B-ISDN，它采用另一种新的交换技术，这种技术结合了电路交换和分组交换的优点。虽然在今天看来 B-ISDN 并没有成功，但 ATM 技术还是获得了相当广泛的应用，并在因特网的发展中起到了重要的作用。

人们习惯上把电信网分为传输、复用、交换、终端等几个部分，其中除终端外的传输、复用和交换三个部分合起来统称为传递方式（转移模式），目前应用的传递方式可分为以下两种。

同步传递方式（STM）：主要特征是采用时分复用，各路信号都按一定时间间隔周期性地出现，接收端可根据时间（或者靠位置）识别每路信号。

ATM：采用统计时分复用，各路信号不是按照一定时间间隔周期性地出现的，接收端要根据标志识别每路信号。

（四）ATM 基本概念与协议模型

1.ATM 的基本概念

ATM 就是建立在电路交换和分组交换基础上的一种面向连接的快速分组交换技术，它采用定长分组作为传输和交换的单位。在 ATM 中，这种定长分组叫作信元（cell）。

SDH 传送的同步比特流被划分为一个个固定时间长度的帧（这里的帧是时分复用的时间帧，而不是数据链路层的帧）。当用户的 ATM 信元需要传送时，就可插入 SDH 的一个帧中，但每一个用户发送的信元在每一帧中的相对位置并不是固定不变的。如果用户有很多信元要发送，就可以接连不断地发送出去。只要 SDH 的帧有空位置，就可以将这些信元插入进来。ATM 名词中的“异步”是指将 ATM 信元“异步插入”到同步的 SDH 比特流中。

如果使用同步插入（即同步时分复用），则用户在每一帧中所占据的时隙的相对位置是固定不变的，即用户只能周期性地占用每一个帧中分配给自己的固定时隙（一个时隙可以是一个或多个字节），而不能再使用其他的已分配给别人的空闲时隙。

ATM 的主要优点如下。

（1）选择固定长度的短信元作为信息传输的单位有利于宽带高速交换。信元的长度为 53 字节，其首部（可简称为信头）长度为 5 字节。长度固定的首部可使 ATM 交换机的功能尽量简化，只用硬件电路就可对信元进行处理，因而缩短了每一个信元的处理时间。在传输实时话音或视频业务时，短的信元有利于缩短时延，也节约了结点交换机为存储信元所需的存储空间。

（2）能支持不同速率的各种业务。ATM 允许终端有足够多的比特时就去利用信道，从而取得灵活的带宽共享。来自各终端的数字流在链路控制器中形成完整的信元后，即按先到先服务的规则，经统计复用器以统一的传输速率将信元插入一个空闲时隙内。链路控制器调节信息源进网的速率。不同类型的服务都可复用在一起，高速率信源就占有较多的时隙。交换设备只需按网络最大速率来设置，它与用户设备的特性无关。

（3）所有信息在最低层以面向连接的方式传送，保证了电路交换在保证实时性和服务质量方面的优点。但对用户来说，ATM 既可工作于确定方式（即承载某种业务的信元基本上周期性地出现）以支持实时型业务，也可以工作于统计方式（即信元不规则地出现）以支持突发型业务。

（4）ATM 使用光纤信道传输。由于光纤信道的误码率极低，且容量很大，因此在 ATM 网内不必在数据链路层进行差错控制和流量控制（放在高层处理），因而明显地提高了信元在网络中的传送速率。

ATM 的一个明显缺点就是信元首部的开销太大，即 5 字节的信元首部在整个 53 字节的信元中所占的比例相当大。

由于 ATM 具有上述的许多优点，因此在 ATM 技术出现后，不少人曾认为 ATM 必然成为未来宽带综合业务数字网的基础，但实际上 ATM 只是用在因特网的许多主干网中。ATM 的发展之所以不如当初预期的那样顺利，主要是因为 ATM 的技术复杂且价格较高，同时 ATM 能够直接支持的应用不多。与此同时，无连接的因特网发展非常快，各种应用与因特网的衔接非常好。在 100 Mb/s 的快速以太网和千兆以太网推向市场后，万兆以太网也问世了，这就进一步削弱了 ATM 在因特网高速主干网领域的竞争能力。

一个 ATM 网络包括两种网络元素，即 ATM 端点（endpoint）和 ATM 交换机。

ATM 端点又称为 ATM 端系统，即在 ATM 网络中能够产生或接收信元的源站或目的站。ATM 端点通过点到点链路与 ATM 交换机相连。

ATM 交换机就是一个快速分组交换机，其主要构件是交换结构（switching fabric）、若干个高速输入端口和输出端口，以及必要的缓存。ATM 交换机有 4 个输入端口和 4 个输出端口，在交换结构的作用下，从输入端口 a 进入 ATM 交换机的信元经过交换结构从输出端口 g 离开 ATM 交换机，而从输入端口 c 进入 ATM 交换机的信元经过交换结构后从端口 f 离开 ATM 交换机。

由于 ATM 标准并不对 ATM 交换机的具体交换结构做出规定，因此现在已经出现了多种类型的 ATM 交换结构。限于篇幅，本书不讨论 ATM 交换机交换结构的具体实现方法。

最简单的 ATM 网络可以只有一个 ATM 交换机，并通过一些点到点链路与各 ATM 端点相连。较小的 ATM 网络只拥有少量的 ATM 交换机，一般都连接成网格状网络以获得较好的连通性。大型 ATM 网络则拥有较多数量的 ATM 交换机，并按照分级的结构连成网络。

2.ATM 的协议参考模型

制定 ATM 标准最主要的组织机构有 ITU-T 和 ATM 论坛及 IETF 等。下面介绍 ATM 的协议参考模型。

ATM 的协议参考模型共有三层，大体上与 OSI 的最低两层相当（但无法严格对应）。

（1）物理层：分为两个子层。靠下面的是物理媒体相关（physical medium dependent）子层，即 PMD 子层。PMD 子层的上面是传输汇聚（transmission convergence）子层，即 TC 子层。

① PMD 子层负责在物理媒体上正确传输和接收比特流。它完成只和媒体相关的功能，如线路编码和解码、比特定时及光电转换等。不同的传输媒体，PMD 子层是不同的。可供使用的传输媒体有铜线（UTP 或 STP）、同轴电缆、光纤（单模或多模）或无线信道等。

② TC 子层实现信元流和比特流的转换，包括速率适配（空闲信元的插入）、信元定界与同步、传输帧的产生与恢复等。在发送时，TC 子层将上面的 ATM 层传递下来的信元流转换成比特流，再传递给下面的 PMD 子层。在接收时，TC 子层将 PMD 子层传递上来的比特流转换成信元流，标记出每一个信元的开始和结束，并传递给 ATM 层。TC 子层的存在使得 ATM 层实现了与下面的传输媒体的脱离。典型的 TC 子层就是 SONET/SDH。

一个 STM-1 帧共有 270×9 字节（由于每帧的字节数太大，因此将一个帧视为长方形结构，每帧有 9 行，每行 270 字节），即 2430 字节，或 19 440 bit。每秒共发送 8000 帧，因此数据率为 155.520 Mb/s。在每一行的 270 字节中的前 9 字节作为开销（overhead）和指针（pointer）使用（其格式相当复杂，本书从略），剩下的空间就用来放入 ATM 信元，因此这部分空间叫作有效载荷（payload，有人也将此名词译为“净负荷”），它共有 9 行，每行 261 字节，总数是 2349 字节。由于 2349 并不是 53 的整数倍，一个信元会跨过有效载荷区域的边界，因此需要用指针来指明一个信元的边界在何处。

ATM 物理层中的 TC 子层的许多功能类似于 OSI 模型的数据链路层。

（2）ATM 层：主要完成交换和复用功能，与传送 ATM 信元的物理媒体或物理层无关。

每一个 ATM 连接都用信元首部中的两级标号来识别。第一级标号是虚通路标识（virtual channel identifier, VCI），第二级标号是虚通道标识符（virtual path identifier, VPI）。

一个虚通路（VC）是在两个或两个以上的端点之间的一个运送 ATM 信元的通信通路。

一个虚通道（VP）包含有许多相同端点的虚通路，而这些虚通路都使用同一个 VPI。在一个给定的接口中，复用在一条链路上的许多不同的虚通道用它们的 VPI 来识别，而复用在一个 VP 中的不同的虚通路用它们的 VCI 来识别。

ATM 层的功能如下。

第一，信元的复用与分用。

第二，信元的 VPI/VCI 转换（将一个入信元的 VPI/VCI 转换成新的数值）。

第三，信元首部的产生与提取。

第四，流量控制。

（3）ATM 适配层。ATM 传送和交换的是 53 字节固定长度的信元，但是上层的应用程序向下层传递的并不是 53 字节长的信元。例如，在因特网的 IP 层传送的是各种长度的 IP 数据报，因此当 IP 数据报需要在 ATM 网络上传送时，就需要有一个接口将 IP 数据报装入一个个 ATM 信元，然后在 ATM 网络中传送。这个接口就是在 ATM 层上面的 ATM 适配层（ATM adaptation layer, AAL）。

四、宽带 IP

随着以 IP 技术为基础的 Internet 的爆发式发展，以及用户数量和多媒体应用的迅速增加，人们对带宽的需求不断增长，不仅需要利用网络实现语言、文字和简单图形信息的传输，同时还要进行图像、视频、音频和多媒体等宽带业务的传输，宽带 IP 技术应运而生。

（一）基本概念

宽带 IP 是指 Internet 的交换设备、中继通信线路、用户接入设备和用户终端设备都是宽带的，通常接入带宽为 1100 Mbit/s。在这样一个宽带 IP 网络上能传送各种音频和多媒体等宽带业务，同时支持当前的窄宽业务，它集成与发展了当前的网络技术、IP 技术，并向下一代网络方向发展。

宽带 IP 网络包含宽带 IP 城域网、宽带传输技术等内容。

1. 宽带 IP 城域网

宽带 IP 城域网是一个以 IP 和 SDH、ATM 等技术为基础，集数据、语音、视频服务与一体的高带宽、多功能、多业务接入的城域多媒体通信网络。

宽带 IP 城域网的特点：①技术多样，采用 IP 作为核心技术；②基于宽带技术；③接入技术多样化，接入方式灵活；④覆盖面广；⑤强调业务功能和服务质量；⑥投资量大。

宽带 IP 城域网提供的业务：①话音业务；②数据业务；③图像业务；④多媒体业务；⑤ IP 电话业务；⑥各种增值业务；⑦智能业务。

宽带 IP 城域网的结构分为三层：核心层、汇聚层和接入层。

宽带 IP 城域网带宽管理有以下两种方法：在分散放置的客户管理系统上对每个用户的接入带宽进行控制；在用户接入点上对用户接入带宽进行控制。

宽带 IP 城域网的 IP 地址规划分为公有 IP 地址和私有 IP 地址：公有 IP 地址是接入 Internet 时所使用的全球唯一的 IP 地址，必须向因特网的管理机构申请；私有 IP 地址是仅在机构内部使用的 IP 地址，可以由本机构自行分配，不需要向因特网的管理机构申请。

2. 宽带传输技术

（1）IP over ATM（POA）。

IP over ATM 的概念：IP 技术与 ATM 技术的结合，在 IP 路由器之间（或路由器与交换机之间）采用 ATM 网进行传输。

IP over ATM 的优点：① ATM 技术本身能提供 QoS 保证，具有流量控制、带宽管理、拥塞控制功能及故障恢复能力，这些是 IP 所缺乏的，因而 IP 与 ATM 技术的融合也使 IP 具有了上述功能，这样既提高了 IP 业务的服务质量，同时又能够保障网络的高可靠性。②适应于多种业务，具有良好的网络可扩展能力，并能对其他几种网络协议如 IPX 等提供支持。

IP over ATM 的缺点：①网络体系结构复杂，传输效率低，开销大。②由于传统的 IP 只工作在 IP 子网内，ATM 路由协议并不知道 IP 业务的实际传送需求，如 IP 的 QoS、多播等特性，这样就不能够保证 ATM 实现最佳的传送效果，在 ATM 网络中存在着扩展性和优化路由的问题。

（2）IP over SDH（POS）。

IP over SDH 的概念：IP 技术与 SDH 技术的结合，在 IP 路由器之间（或路由器与交换机之间）采用 SDH 网进行传输。具体地说，它利用 SDH 标准的帧结构，同时利用点到点传送等的封装技术把 IP 业务进行封装，然后在 SDH 网中传输。

IP over SDH 的优点：① IP 与 SDH 技术的结合将 IP 数据报通过点到点协议直接映射到 SDH 帧，其中省掉了中间的 ATM 层，从而简化了 IP 网络体系结构，减少了开销，提供了更高的带宽利用率，提高了数据传输效率，降低了成本。②保留了 IP 网络的无连接特征，易于兼容各种不同的技术体系，实现网络互连，更适合于组建专门承载 IP 业务的数据网络。③可以充分利用 SDH 技术的各种优点，如自动保护倒换（APS），以防止链路故障而造成的网络停顿，保证网络的可靠性。

IP over SDH 的缺点：①网络流量和拥塞控制能力差。②不能像 IP over ATM 技术那样提供较好的服务质量保障。③仅对 IP 业务提供良好的支持，不适于多业务平台，可扩展性不理想，只有业务分级，而无业务质量分级，尚不支持 VPN 和电路仿真。

（3）IP over DWDM（POW）。

IP over DWDM 的概念：IP 与 DWDM 技术相结合的标志。首先在发送端对不同波长的光信号进行复用，然后将复用信号送入一根光纤中传输，在接收端再利用解复用器将各不同波长的光信号分开，送入相应的终端，从而实现 IP 数据报在多波长光路上的传输。

IP over DWDM 的优点：① IP over DWDM 简化了层次，减少了网络设备和功能的重叠，从而减轻了网管复杂程度。② IP over DWDM 可充分利用光纤的带宽资源，极大地提高了带宽和相对的传输速率。

IP over DWDM 的缺点：① DWDM 极大的带宽和现有 IP 路由器的有限处理能力之间的不匹配问题还不能得到有效的解决。②如果网络中没有 SDH 设备，IP 数据包就不能从每一个 SDH 帧中所包含的信头中找出故障所在，因此管理功能将被削弱。③技术还不十分成熟。

（二）在 ATM 上传输 IP

IPOA 规定了利用 ATM 网络在 ATM 终端间建立连接，特别是建立 SVC 进行 IP 数据通信的规范。

在 ATM–LAN 中，ATM 网络可看作一个单一的（通常是本地的）物理网络。如同其它网络一样，人们使用路由器连接所有异构网络，而 TCP/IP 允许 ATM 网络上的一组计算机像一个独立的局域网一样工作，这样的一组计算机被叫作 LIS（logical ip subnet）。在一个 LIS 内的计算机共享一个 IP 网络地址（IP 子网地址），LIS 内部的计算机可以互相直接通信，但是当一个 LIS 内的计算机要和其它的 LIS 或网络中的计算机通信时必须经过两个互连的 LIS 路由器。很明显，LIS 的特性与传统 IP 子网相似。

类似以太网，IP 数据包在 ATM 网络上传输也必须进行 IP 地址绑定。ATM 给每一个连接的计算机分配 ATM 物理地址，当建立虚连接时必须使用这个物理地址，但由于 ATM 硬件不支持广播，所以 IP 无法使用传统的 ARP 将其地址绑定到 ATM 地址。在 ATM 网络中，每一个 LIS 配置至少一个 ATM ARP 服务器以完成地址绑定工作。

IPOA 的主要功能有两个：地址解析和数据封装。

地址解析就是完成地址绑定功能。对于 PVC 来说，因为 PVC 是由管理员手工配置的，所以一个主机可能只知道 PVC 的 VPI/VCI 标识，而不知道远地主机的 IP 地址和 ATM 地址，这就需要 IP 解析机制能够识别连接在一条 PVC 上的远地计算机；对于 SVC 来说，地址解析更加复杂，需要两级地址解析过程。首先，当需要建立 SVC 时，必须把目的端的 IP 地址解析成 ATM 地址；其次，当在一条已有的 SVC 上传输数据包时，目的端的 IP 地址必须映射成 SVC 的 VPI/VCI 标识。

IPOA 的工作过程如下。首先是 client 端的 IPOA 初始化过程，即 client 加入 LIS 的过程，由 client 端的 IPOA 高层发出初始化命令，向服务器注册自身，注册成功后，client 变为“operational”状态，意味着现在的 client 可以接收 / 传输数据了。当主机要发送数据时，它使用通常的 IP 选路，以便找到适当的下一跳（next–hop）地址，然后把数据发送到相应的网络接口，网络接口软件必须解析出对应目的端的 ATM 地址，该地址有两种方法可以获得：①直接从 client 端的解析表中查到；②通过发送 ATM ARP 请求获得。接下来用户可做两种选择：①假如有可利用的连接目的端的 VCC，那么直接把数据发送给 AAL5 层，通过 VCC 传输出去；②

假如①不满足，那就通过信令过程建立适合的链路，然后进行传输。（实际中的数据传输过程由于牵涉 QoS 设置问题，所以要比上面的论述复杂一些。）当 client 接收到 AAL5 的数据后，处理过程比较简单，只需简单地解除封装，根据协议数据类型交给相应模块处理即可。

除了数据传输的任务，client 还要维护地址信息，包含定期更新服务器上的地址信息和本地的地址信息。假如 client 的地址信息不能被及时更新，那么此 client 就会变成不可用状态，需要重新初始化后才能使用。

在 client 传输数据时，它可能同时向许多不同的目的端发送和接收数据，因此必须同时维护多条连接。连接的管理发生在 IP 下面的网络接口软件中，该系统可以采用一个链表来实现此功能，链表中的每一个数据项包含诸如链路的首 / 末端地址、使用状态、更新标志、更新时间、QoS 信息和 VCC 等一条链路所必需的信息。

IPOA 在 TCP/IP 协议栈中的位置：ATM 网络是面向连接的，TCP/IP 只是将其作为像以太网一样的另一种物理网络来看待。从 TCP/IP 的协议体系结构来看，除了要建立虚连接，IPOA 与网络接口层完成的功能类似，即完成 IP 地址到硬件地址（ATM 地址）的映射过程，封装并发送输出的数据分组，接收输入的数据分组并将其发送到对应的模块。当然，除了以上功能，网络接口还负责与硬件通信（设备驱动程序也属于网络接口层）。

在 OSI 模型中，IPOA 位于 IP 层以下，属于网络接口层，其建立连接的工作通过 RFC 1755 请求 UNI3.1 处理信令消息完成。

IPOA 最大的优点就是利用了 ATM 网络的 QoS，可以支持多媒体业务，它在网络层上将局域网接入 ATM 网络，既提高了网络带宽，也提升了网络的性能。但同时 IPOA 也存在一些缺点，如目前的 IPOA 不支持广播和组播业务。另外，由于 ATM-LAN 中一台主机要与所有成员建立 VC 连接，随着网络的增加，VC 连接的数目会呈平方级数的增加，因此 IPOA 技术不适合于大网结构，一般用在企业网、校园网这样的网络中。

（三）多协议标记交换

多协议标签交换（multi-protocol label switching, MPLS）是一种用于快速数据包交换和路由的体系，它为网络数据流量提供了目标、路由、转发和交换等能力。更特殊的是，它具有管理各种不同形式的通信流的机制。MPLS 独立于第二和第二层协议，如 ATM 和 IP。它提供了一种方式，将 IP 地址映射为简单的具有固定长度的标签，用于不同的包转发和包交换技术。它是现有路由和交换协议的接口，如 IP、ATM、帧中继、资源预留协议（RSVP）、开放最短路径优先（OSPF）等。

在 MPLS 中，数据传输发生在标签交换路径（LSP）上。LSP 是每一个沿着从源端到终端的路径上的结点的标签序列。现今使用着一些标签分发协议，如 LDP、RSVP 或者建于路由协议之上的一些协议，如边界网关协议（BGP）及 OSPF。因为固定长度标签被插入每一个包或信元的开始处，并且可被硬件用来在两个链接间快速交换包，所以使数据的快速交换成为可能。

MPLS 主要用来解决网络问题，如网络速度、可扩展性、服务质量管理及流量工程，同时也为下一代 IP 中枢网络解决宽带管理及服务请求等问题。

MPLS 的基本工作过程：① LDP 和传统路由协议（如 OSPF、ISIS 等）一起，在各个 LSR 中为有业务需求的 FEC 建立路由表和标签映射表；②入节点（ingress）接收分组，完成第三层功能，判定分组所属的 FEC，并给分组加上标签，形成 MPLS 标签分组，转发到中间节点（transit）；③ Transit 根据分组上的标签及标签转发表进行转发，不对标签分组进行任何第三层处理；④在出节点（egress）去掉分组中的标签，继续进行后面的转发。

由此可以看出，MPLS 并不是一种业务或者应用，它实际上是一种隧道技术，也是一种集标签交换转发和网络层路由技术于一体的路由与交换技术平台。这个平台不仅支持多种高层协议与业务，而且在一定程度上可以保证信息传输的安全性。

随着 ASIC 技术的发展，路由查找速度已经不是阻碍网络发展的瓶颈，这使得 MPLS 在提高转发速度方面不再具备明显的优势。

但由于 MPLS 结合了 IP 网络强大的三层路由功能和传统二层网络高效的转发机制，在转发平面采用面向连接方式，与现有二层网络转发方式非常相似，这些特点使得 MPLS 能够很容易地实现 IP 与 ATM、帧中继等二层网络的无缝融合，并为流量工程（traffic engi-neering, TE）、VPN、QoS 等应用提供更好的解决方案。

第三节　无线网络技术

一、无线网络的含义

无线网络是指允许用户端采用近距离或者远距离无线连接的网络，它与有线网络的最大不同就在于传输媒介，即利用无线电技术替代网线。

按照无线网络的覆盖范围大小，其主要分为无线个人网、无线区域网、无线城域网。

无线个人网：在小范围内相互连接数个装置所形成的无线网络，如蓝牙连接耳机等，通常是在个人可及的范围内。

无线区域网（WRAN）：基于无线电技术，IEEE 802.22 定义了适用于此类系统的空中接口。WRAN 系统工作在 47 MHz 高频段 /910 MHz 超高频段的电视频带内。

无线城域网（WMAN）：以无线方式构成的城域网，提供面向互联网的高速连接。

无线网络的优势主要有以下三点。

（1）开发运营成本低、时间短，投资回报快，易扩展，受自然环境、地形及灾害影响小。

（2）组网更灵活：使用无线信号通讯，网络接入更灵活，只要有信号的地方就可以随时进行网络接入。在移动办公或即时演示时无线网络的优势尤为明显。

（3）升级更方便：相比有线网络，无线网络终端设备接入数量限制更少，无线路由器可使多个无线终端设备同时接入无线网络，因此企业进行网络规模升级时，无线网络的优势比有线明显。

二、Wi-Fi 与 IEEE 802.11

在谈论到无线网络的时候，人们总是会说到 Wi-Fi 和 IEEE 802.11，甚至有时候认为 Wi-Fi 就是 IEEE 802.11。那么，事实上是这样吗？ Wi-Fi 和 IEEE 802.11 到底是指什么？它们究竟是不是一回事呢？

（一）IEEE 802.11

目前，电气电子工程师协会（Institute of Electrical and Engineers, IEEE）802工作组（于1990年成立）在无线领域有四个工作组：802.11、802.15、802.16、802.20。

802.11的应用对象是无线局域网，已经通过的标准有802.11、802.11a、802.11b、802.11g、802.11f、802.11d。

802.15的应用对象是无线个域网，已经通过的标准有802.15.1（蓝牙）、802.15.2（公用ISM频段内无线设备的共存问题）、801.15.3a（UWB标准）、802.15.3b（WPAN维护）、802.15.4（低于200 kbit/s数据传输率的WPAN）。

802.16的应用对象是无线城域网，已经通过的标准有802.16、802.16a、802.16c、802.16.2。

802.20的应用对象是移动宽带无线接入。

本书主要介绍802.11系列的标准。

IEEE 802.11主要用于不方便布线或者移动环境中用户与用户终端的无线接入，其业务主要限于数据存取，速率最高为2 Mbps。该协议定义物理层和数据链路层，工作在2.4 GHz频段中。

IEEE 802工作组于1997年发布802.11协议，该协议是无线局域网领域的第一个在国际上被认可的协议，它定义了媒体存取控制层（MAC）和物理层。两个设备间的通信可以以设备到设备的方式进行，也可以在基站或者访问点的协调下进行。其工作在2.4 GHz频段中，总数据传输速率为2 Mbit/s。

随着用户需求的提高，802.11在速率和传输距离上不能满足人们的需要，因此该小组又推出了802.11标准族的其它成员。

1. IEEE 802.11a

IEEE 802.11a于1999年制定完成。该标准工作在5 Gbit/s，使用52个正交频分多路复用副载波，数据传输速率高达72 Mbit/s，可以根据实际需要降为48 Mbit/s、36 Mbit/s、24 Mbit/s、18 Mbit/s、12 Mbit/s、9或者6 Mbit/s。它拥有12条不相互重叠的信道，其中8条用于室内，4条用于点对点传输。由于802.11a自身的一些缺点，如局限于直线范围内传输（必须使用更多的接入点，且传输距离不能太远，一般控制在10 100 m），再加上5 Gbit/s的组件研制成功较慢，导致802.11a

的产品比 802.11 b 的产品推出要晚，且使用范围也不如 802.11 b 广泛。

2. IEEE 802.11b

IEEE 802.11b 于 1999 年 9 月被正式批准通过。该协议是 802.11 的补充，它在 802.11 的 1 M 和 2 M 的速率下增加了 5.5 Mbit/s 和 11 Mbit/s 两种速率，工作在 2.4 GHz 频段中，其传输距离也增加到室外 300 m、室内最长 100 m。

利用 802.11b，用户可以得到与以太网一样的性能、网络吞吐率，管理员可以根据环境选择合适的局域网技术来构造主机的网络，以满足其用户的具体需求。

802.11b 运作模式基本分为点对点模式和基本模式。

（1）点对点模式是无线网卡之间的通信方式。只要个人计算机插上无线网卡就可以与另一台具有无线网卡的个人主机进行通信，最多可以连接 256 台个人主机。

（2）基本模式是无线网络规模扩充或无线与有线网络并存时的通信方式。在这种模式下，插上无线网卡的个人主机要由接入点与另一台个人主机连接。接入点负责频段管理等工作，一个接入点最多可连接 1024 台个人主机。

802.1la 与 802.11b 不能相互兼容。

3. IEEE 802.11g

802.11g 是 802.11b 的后续标准，于 2003 年 7 月通过。其工作在 2.4 GHz 频段中，原始传输速率为 54 Mbit/s，净传输速率为 24.7 Mbit/s。它与 802.11b 兼容，但与 802.11a 不兼容。

（二）Wi-Fi

很多人都会把 Wi-Fi 与 802.11 混为一谈，有人甚至把 Wi-Fi 等同于无线网际网络。事实上，Wi-Fi 是一个成立于 1999 年的商业联盟，在 802.11 系列的标准问世之后，该组织推出了一套用于验证 802.11 产品兼容性的测试标准，即无线相容性认证，是一种商业认证。凡是通过该认证的 802.11 系列的产品都使用 Wi-Fi 这个名称，因此 Wi-Fi 同时也是由 Wi-Fi 联盟所持有的一个无线网络通信技术的品牌。凡是用该商标的产品都可以相互合作。

同时，Wi-Fi 也是一种短程无线传输技术，可以将个人电脑、手机等终端以无线方式互相连接。能够访问 Wi-Fi 网络的地方被称为热点。Wi-Fi 热点是通过在互联网连接上安装访问点来创建的，该访问点将无线信号通过短程进行传输，一般覆盖范围为 90m 左右。当一台支持 Wi-Fi 的设备遇到一个热点时，该设备可以用无线方式连接到该网络中。Wi-Fi 工作在 2.4 GHz 频段，所支持的数据传输速率高达 54 Mbps。

目前，Wi-Fi 在日常生活中已得到普遍应用，支持 Wi-Fi 功能的终端设备也层出不穷，Wi-Fi 手机就是一个典型的例子。

三、WAPI 标准

WAPI 是我国自主研发，拥有自主知识产权，于 2003 年出台的无线局域网安全技术标准，其全称为无线局域网鉴别与保密基础机构（Wireless LAN Authentication and Privacy Infrastructure）。

WAPI 与 Wi-Fi 最大的区别是安全加密的技术不同，WAPI 采用“无线局域网鉴别与保密基础架构”的安全协议，而 Wi-Fi 则采用的是“有线加强等效保密（WEP）”安全协议。该安全协议实行的是对客户硬件进行单向认证机制，采用开放式系统认证与共享式密钥认证算法，认证过程简单，但易于伪造而其加密机制属于静态密钥，安全度低。

WAPI 安全机制包括 WAI（WLAN Authentication Infrastructure）和 WPI（WLAN Privacy Infrastructure）两部分。

（一）WAI 的鉴别及密钥管理

WAI 实现对用户身份的鉴别。它采用基于椭圆曲线的公钥证书体制，鉴别服务器（AS）负责证书的颁发、验证与吊销等，无线客户端与无线接入点（AP）上都安装有 AS 颁发的公钥证书作为自己的数字身份凭证。当无线客户端登录到 AP 时，在访问网络前必须通过 AS 对双方进行身份验证，验证后持有合法证书的移动终端才能接入持有合法证书的 AP。

WAPI 采用集中式的密钥管理。局域网内的证书由统一的 AS 负责管理，当增加（或删除）一个无线接入点时，只需由 AS 颁发（或吊销）一个数字证书即可。

（二）WPI 数据传输保密

WPI 实现对传输数据的加密。它采用对称密码算法对 MAC 子层的 MPDU 进行加、解密处理，分别用于 WLAN 设备的数字证书、密钥协商和传输数据的加、解密，以实现设备的身份鉴别、链路验证、访问控制及用户信息在无线状态下的加密保护。

双向鉴别成功后，客户端与无线接入点分别利用对方的公钥进行会话密钥协商，生成会话密钥后对通信数据进行加密和解密，以保证保密通信的进行。这里的会话密钥是动态密钥，即当通信数据达到一定数量后或者通信时间达到一定时长后，双方还要再次协商会话密钥，从而实现高保密性通信。

（三）WAPI 的主要特点

（1）全新的高可靠性安全认证和保密体制。

（2）更可靠的二层（数字链路层）以下安全系统。

（3）完整的“用户－接入点”双向认证。

（4）集中式或分布集中式认证管理。

（5）可控的会话协商动态密钥。

（6）高强度的加密算法。

（7）可扩展或升级的全嵌入式认证与算法模块。

（8）支持带安全的越区切换。

（9）支持 SNMP 网络管理。

四、无线网络接入

（一）无线接入

无线接入是指在终端用户与交换端局之间的接入网部分或全部采用无线传输方式，为用户提供固定或者移动接入服务的技术。

无线接入的特点是系统容量大，覆盖范围广，系统规划简单、扩容方便、可加密，可解决难于架线地区的信息传递问题，等等。

（二）无线网络接入技术

无线网络接入技术包括蜂窝技术、数字无绳技术、点对点微波技术、卫星技术、蓝牙技术等。

本书着重介绍蜂窝技术、卫星技术。

1. 蜂窝技术

蜂窝技术的名称源于其分区结构类似于蜂窝，它把一个地理区域划分为若干个小区，每个小区设置一个基站。手机均采用这种技术，因此常被称作蜂窝电话

（cellular phone）。

传统移动通信采用的大区制是一个大的地理区域，如一个城市采用一个基站，使用一个发射机覆盖整个区域，如果此时采用频分复用方式，一个工作频率只能提供给一个用户使用，信道利用率很低。

蜂窝技术采用小区制，一个城市区域划分为多个小区，每个小区设置一个低功率发射机，并适时控制发射机功率，即可使相邻小区不采用相同的频率，而完全不相互干扰的两个小区可以采用相同的频率，以实现频率再用，从而达到提高通信容量的目的。

（1）小区基站的设置方式。

①中心发射小区：基站处于小区的中心位置，基站天线采用全向天线。

②边角发射小区：基站处于小区的边角位置，基站天线采用扇形天线。

（2）小区分裂：在通信需求日益递增的今天，通信容量是一个各系统倍加关注的问题。在蜂窝系统中，采用小区分裂方式可以增加通信容量。

小区分裂是指当一个小区的用户达到一定数量后，使用几个较低发射功率的基站小区代替原有的一个基站区。

本书关注以下两个容量概念。

①小区容量：每个小区在单位带宽内所能支持的最大用户数。

②系统容量：整个系统在单位带宽、单位面积内所能支持的最大用户数。系统容量与小区容量成正比。

要注意的是，小区分裂也受用户密度、传播条件等因素的制约，不是分得越小越好。

（3）蜂窝通信的特点：①通过小区分裂或者划分扇区来增大容量。②通过控制发射功率以实现频率再用。

2. 卫星技术

卫星通信是指地球上的无线电通信站之间利用人造卫星作为中继转发站而实现多个地球站之间的通信。卫星接入技术是指利用卫星进行宽带接入。

（1）卫星通信的优点：①通信距离远，覆盖面积大。②具有多地址连接通信特点，灵活性大。③可用频带宽，通信容量大。④传输稳定可靠，通信质量高。⑤通信费用与通信距离无关。

随着移动办公业务需求量的增加，利用卫星进行TCP/IP数据传输开始被人们重视。

（2）卫星宽带接入技术。

① LEO 卫星通信系统：按照卫星工作轨道区分，卫星通信系统可以分为 GEO 高轨道通信系统（距地面 35800 km，即同步静止轨道）、MEO 中轨道通信系统（距地面 2000 ~ 20 000 km）、LEO 低轨道通信系统（距地面 500 ~ 2000 km）、HEO 高椭圆轨道通信系统（近地点轨道高度 1000 ~ 21 000 km，远点 39 500 ~ 50 600 km），其中 LEO 卫星通信系统传输时延和功耗都比较小。

LEO 卫星通信系统由卫星星座、关口地球站、系统控制中心、网络控制中心和用户单元等组成。在该通信系统中，多颗卫星分布在若干个轨道平面上，由通信链路将其连接起来，在地球表面上的蜂窝状服务小区内用户至少被其中一颗卫星覆盖，可以随时高速接入系统。目前比较有代表性的 LEO 通信系统有铱星（Iridium）系统和全球星（Globalstar）系统、白羊（Arics）系统、低轨卫星（Leo-Set）系统、柯斯卡（Coscon）系统、卫星通信网络（Teledesic）系统等。

LEO 卫星通信系统由于轨道低，每颗卫星覆盖范围较小，构成全球系统需要数十颗卫星，如铱星系统有 66 颗卫星、Globalstar 系统有 48 颗卫星、Teledisc 系统有 288 颗卫星。

铱星系统是由摩托罗拉公司提出的利用低轨道卫星群实现全球卫星移动通信的卫星通信系统。铱星系统由卫星星座、地面控制设施、关口站及用户终端构成。铱星系统的卫星群由 66 颗卫星构成，分别处于 6 条高度为 765 km 的圆形极地轨道上，通过微波链路形成全球连接网络。铱星系统的每颗星可以提供 48 个点波束，在地球表面形成 48 个蜂窝区，每个点波束平均包含 80 个信道，即每颗星可提供 3840 个全双工电路信道。铱星系统具有空间交换和路由选择功能，且采用七小区频率再用方式，任意两个使用相同频率的小区之间由两个缓冲小区隔开，以进一步提高频谱资源，因此每一个信道在全球范围内可再用 200 次。

全球星系统是由美国 LQSS（Loral Qualcomm Satellite Service）公司提出的低轨道卫星移动通信系统。全球星系统不单独组网，它只保证全球范围内任意用户随时可以通过该系统接入地面公共网联合组网，其连结接口设在关口站。

全球星系统由空间段、地面段与用户段三部分构成。

空间段由 48 颗工作卫星和 8 颗备用卫星组成。其工作卫星分布在 8 个高度为 1414 km 的轨道上，传输和处理时延均小于 300 ms，用户基本感觉不到时延。

该系统每颗星有 16 个点波束，2800 个双工话音信道或数据信道。其地面段由全球星控制中心和关口站构成。

该系统设置了一主一备两个控制中心，负责管理关口站、数据网，并监视工作卫星的运行情况。全球星控制中心包括地面操作控制中心、卫星操作控制中心和发射控制设施。地面操作控制中心负责执行网络计划、分配信道使用资源、管理用户计费账单。卫星操作控制中心管理和控制卫星发射工作，并通过无线电通信了解卫星在轨道上的工作情况，控制卫星的轨道操作。

关口站是指在全球各地设置的地面站，每个关口站均可与 3 颗卫星通信，来自不同卫星或同一卫星的不同数据流信号经由它组合在一起，实现无缝隙覆盖。卫星网与地面公共网经过关口站连接起来，用户端可通过一颗或多颗卫星和一个关口站实现全球任何地区的通信。

用户段即使用全球星系统业务的用户终端设备，包括手持式、车载式和固定式终端。其中手持式终端有全球星单模、全球星 /GSM 双模、全球星 /CDMA/AMPS 三模三种模式。用户终端提供话音、数据、三类传真、定位等业务。

全球星系统相对于铱星系统来说具备高技术水平、高质量水平、低成本的特点，因此在铱星系统宣布破产的同时，全球星系统逐步发展起来。

②VSAT(very small aperture terminal)接入技术：由大量天线口径为 0.3 ~ 2.8 m 的小地球站（小站 / 终端站）与一个大地球站（大站 / 主站）协同工作构成的卫星通信网。

VSAT 卫星通信网络主要由主站、VSAT 终端站、卫星转发器和网络管理系统（NMS）组成。

主站也被称为中枢站，是整个 VSAT 网络的心脏，NMS 就设置在主站中。主站发射功率高，天线也比小站大很多，一般为 3.5 ~ 8 m（Ku 波段）、7 ~ 13 m（C 波段）。

终端站即小站，作用是分别用相应的终端设备对经地面接口线路传来的各种用户信号进行转换、编排及其他基带处理，形成适合卫星信道传输的基带信号，另外将接收到的基带信号进行上述相反的处理。在星形结构中，小站通过卫星信道与主站间进行数据传递，小站与小站之间不能互通；在网状结构中，小站与小站之间通过卫星信道进行信息传递。小站设备配置相对主站来说比较简单，发射功率低，天线尺寸小，不能发射视频信号。小站一般由小口径天线、室外单元与室内单元组成。

VSAT 通信的优点：VSAT 组网灵活，独立性强，其网络结构、技术性能、设备特性和网络管理均可以根据用户的要求进行设计和调整；VSAT 终端具有天线小、结构紧凑、功耗小、成本低、安装方便、环境要求低等特点。

VSAT 与普通卫星通信系统相比有以下特别。

① VSAT 系统出主站数据速率高，且连续传送；入主站数据流速率较低，且必须是突发性的。

②通信速率高，端站接入速率可达 64 kbit/s，甚至可达 2 Mbit/s。

③具有智能的地球站。

④支持多种通信方式和多种接口协议，直接接入通信终端设备，便于同其他计算机网络互连。

⑤地球站通信设备结构必须小巧紧凑，功耗低，安装方便。

（3）卫星宽带接入的特点。

①使用数据包分发技术来提高传输速度：数据包分发服务利用卫星信道，采用组播方式传递信息，用户无须进行其它操作，只要打开计算机就可以接收信息，其传输速率高达 3 Mbps。

②能提供 IP 视频流多点传送：IP 视频流多点传送是指利用卫星技术的广播和覆盖范围大的特点，对广大用户提供视频实时传送服务。

③高速接入：卫星通信技术将用户的上行数据和下行数据分离，上行数据可通过现有的 modem 和 ISDN 等方式传输，而大量的下行数据则通过 54M 宽带卫星转发器直接发送到用户端。

④数据传输性能稳定：现阶段的卫星通信使用了 Ku 波段和高功率卫星，相对于传统的 C 波段卫星来说，其应对天气变化等因素得抗干扰性能已经大大提高，可以确保数据信息在传输时有较强的稳定性。

五、无线组网设备

（一）无线网卡

无线网卡是使终端电脑能通过无线连接网络进行上网的无线终端设备。

1. 无线网卡的分类

（1）台式机专用的 PCI 接口无线网卡。

（2）笔记本电脑专用的 PCMCIA 接口无线网卡。

（3）USB 接口无线网卡。

（4）笔记本电脑内置的 MINI-PCI 无线网卡。

2. 无线网卡的基本工作原理

只有无线网卡是不能进行无线上网的，还必须满足以下两个条件之一。

（1）有无线路由器。无线路由器可以与所有以太网接的 ADSL modem 或 cable modem 直接相连，也可以在使用时通过交换机 / 集线器、宽带路由器等局域网方式再接入。其内置简单的虚拟拨号软件，可以存储用户名和密码拨号上网，可以实现为拨号接入 Internet 的 ADSL、CM 等提供自动拨号功能，而无须手动拨号或占用一台电脑作为服务器使用。此外，无线路由器一般还具备更完善的安全防护功能。

（2）有无线 AP 的覆盖。无线网卡与无线路由器的关系是无线路由器发出无线信号，无线网卡负责接收和发送数据。

按照 IEEE 802.11 协议，无线网卡分为 MAC 层和物理层，在两者之间，还定义了媒体访问控制—物理子层。MAC 层提供主机与物理层之间的接口，并管理外部存储器。物理层具体实现无线信号的接收与发射。媒体访问控制—物理子层则负责实现数据的打包和拆包，把必要的控制信息放在数据包前面。

物理层先接收到信号并确认无错，然后提交给媒体访问控制—物理子层，由媒体访问控制—物理子层拆包，再将数据上交给媒体访问控制层，再判断是不是发给本网卡的数据，是就上交，不是就丢弃。

而物理层如果判断发给本网卡的信号有错，则会通知发送端重发。当网卡要发送数据时，会根据信道的空闲状态选择是否发送。

另外，网卡与上网卡是两个不同的概念。网卡是连接局域网的设备，而如果在没有无线局域网覆盖的地方想要通过无线广域网实现无线上网，还要另外配置无线上网卡。因为篇幅所限，本书对于无线上网卡不再详述。

（二）无线接入器

无线接入器即无线 AP（access point），又被称作无线接入点，它是移动终端进入有线网络的接入点。

无线 AP 从广义上讲是无线接入点、无线路由器、无线网关、无线网桥等类设备的总称；从狭义上讲单指单纯性无线 AP，它主要提供无线工作站与有线局域网之间，以及无线工作站之间的数据交换服务。当然，很多无线 AP 之间也可以进行无线连接。

单纯性无线 AP 基本上就是一无线交换机，负责发送和接收无线信号。一般来说，无线 AP 的最大覆盖距离可达 300 m（实际上一般是室内 30 m，室外无障碍的情况下 100 m）。

（三）无线交换机

在无线交换机出现之前，WLAN 通过 AP 连接有线网络，使用安全软件、管理软件等来实现管理。这种智能 AP 被称为“胖 AP”，它本身就有交换机的作用。虽然它的功能很多，但安装很难，且价格高昂。

在这种方式中，AP 基本为零配置，其配置和软件都需要从无线交换机上下载，所有 AP 与无线终端的管理都在无线交换机上完成。

1. 无线交换机 + 无线接入点的连接方式

（1）直连方式：无线交换机与 AP 直接发生联系。

（2）通过二层网络连接方式：无线交换机与 AP 通过 2 层 LAN 发生联系。

（3）通过三层网络连接方式：无线交换机与 AP 通过 3 层 LAN 发生联系。

2. 在这里，我们简单介绍 AP 与无线交换机通过二层网络进行连接的连接流程：AP 与无线交换机之间的连接流程

首先，AP 通过 DHCP Server 获取 IP 地址。然后，AP 发出二层广播的发现请求报文试图联系某个无线交换机。接收到报文的交换机审核该 AP 是否有接入权限，如果有则响应。接到响应的 AP 从交换机下载软件和配置，然后与交换机之间进行用户数据传递。

（四）无线路由器

无线路由器即带有无线覆盖功能的路由器，它利用其无线覆盖功能，在其有效范围内负责宽带网络用户端与其附近的无线终端设备，如手机、笔记本电脑等之间的数据转发。

无线路由器除了具备单纯性无线 AP 的所有功能，如支持 VPN、防火墙等，还包括了网络地址转换功能，可以支持局域网用户的网络连接。

1. 无线路由器工作原理

当用户要向某个目的地发送数据时，首先由路由器中与用户所在网络相连接的端口接收带有目的地地址的数据帧，然后判断是否需要转发，如果需要转发则接收，并分析计算最佳传递路径进行转发。

路由器的工作原理与宽带路由器的工作原理类似，只是收发数据采用无线的方式。

2. 无线路由器安全设置

基于无线网络传递数据比使用有线网络更容易被窃取，因此在无线局域网系统中加密和认证是非常必要的措施。

（1）有线对等保密协议（wired equivalent privacy, WEP）：为了能达到与有线业务同样的安全等级，IEEE 802.11 采用了 WEP。该协议主要用于无线局域网里数据链路层信息数据的保密。

WEP 加密默认为禁用，即不加密。在启用加密后，两个设备间要进行通信，必须都启用加密，且具有相同的加密密钥。WEP 密钥可以是随机生成的十六进制数字，也可以是用户自行选择的 ASCII 字符，并且可以根据需要经常更改密钥，以增加网络安全性。

（2）Wi-Fi 安全存取（Wi-Fi protected access, WPA）：WEP 协议要求所有涉及通信的网络设备均采用同样的密钥，这就给了窃取者太多的机会，WEP 在这上面的不安全性已经被证实。为了弥补这个致命的缺陷，Wi-Fi 联盟于 2003 年 4 月提出了 WPA，作为 802.11i 协议完善之前的过渡。

WPA 是根据通用密钥配合表示电脑 MAC 地址和分组信息顺序号的编号，分别为每个分组信息产生不同的密钥，然后与 WEP 一样将此密钥用于 RC4 加密处理。WPA 还具有防止数据在传递中途被篡改的功能和认证功能。

由于经过这样的处理后，所有客户端所交换的信息由各不相同的密钥加密，要想破译出原始的通用密码几乎是不太可能的，其安全性比 WEP 高了不少倍。

WPA 的数据加密采用临时密钥完整性协议（Temporary Key Integrity Protocol, TKIP）。认证有两种模式：一是使用 802.1X 协议进行认证；二是采用预共享密钥 PSK（pre-shared key）。

（3）IEEE 802.11i：完整的 IEEE 802.11i 是在 2004 年 7 月推出的，它是

IEEE 为弥补 802.11 的安全加密功能而制定的修正案。它定义了基于高级加密标准（advanced encryption standard, AES）的全新加密协议 CCMP（CTR with CBCMAC Protocol），以及向前兼容 RC4 的 TKIP。

3. 无线路由器

无线路由器是一种应用于用户上网、带有无线覆盖功能的路由器，可将其看作一个转发器，将宽带网络信号通过天线转发给附近的无线网络设备。市场上流行的无线路由器一般都支持专线 xdsl/cable、动态 xdsl、pptp 四种接入方式，它还具有其它一些网络管理的功能，如 dhcp 服务、nat 防火墙、mac 地址过滤、动态域名等功能。常见的无线路由器一般都有一个 RJ45 口为 WAN 口，也就是 UPLink 到外部网络的接口，其余 2-4 个口为 LAN 口，用来连接普通局域网，内部有一个网络交换机芯片，专门处理 LAN 接口之间的信息交换。通常无线路由的 WAN 口和 LAN 之间的路由工作模式一般都采用 NAT 方式。所以，其实无线路由器也可以作为有线路由器使用。

（五）无线网桥

网桥又叫桥接器，它是在数据链路层实现局域网互联的存储转发设备。它可以在局域网之间实现有效的连接。

无线网桥就是使用无线通讯技术实现两个或多个局域网之间的桥接。

因为一些实际的原因，如移动作业或者地理环境所限等，不是所有的场合都可以采用有线桥接来进行远程网络的互联，无线网桥的出现填补了这方面的空白。

1. 无线网桥的构成

虽然现在市场上的不少无线 AP、无线路由器也有网络桥接的功能，其工作原理基本一致，但是无线网桥相对于它们来说，更适于室外远距离应用，因此其结构也比无线 AP、无线路由器复杂些。

无线网桥主要由无线网桥主设备（无线收发器）和天线组成。无线收发器由发射机和接收机组成。发射机负责将来自局域网的数据按照需求进行编码，然后通过天线发射出去；接收机则负责将天线接收到的信号进行译码还原，再送到局域网中。

天线配置主要有全向天线、扇面天线、定向天线几种。

（1）全向天线：这种天线将信号均匀分布在中心点周围 360 度的全方位区

域内，适于链接点距离较近、分布角度范围大、数量较多的情况下使用。

（2）扇面天线：此类天线具有能量定向聚集功能，可以有效地进行 180 度、120 度、90 度、60 度范围内的覆盖，适于远程链接点在某一角度范围内比较集中时使用。

（3）定向天线：这类天线的能量聚集能力最强，信号的方向指向性极好，因此当远程链接点数量较少或角度方位相当集中时，采用它是最佳方案。

在实际的应用中，以上三种天线各有优缺点，因此应根据实际情况选择组合方式进行配置。

2. 无线网桥的桥接模式

（1）点对点桥接方式（PTP）即直接传输，可以用来连接分属于不同位置的两个固定的网络。这种方式一般由一对桥接器和一对定向放置的天线组成。

（2）点对多点桥接方式是把一个网络设置为中心点负责发送无线信号，而其它网络接收点进行信号接收，它可以把多个离散的远程网络连接起来。

（3）中继方式即间接传输方式。位于两个不同位置需要相互连接的 B 网络和 C 网络互不可见，但是它们可以通过一个中间的 A 建筑间接可见。其中，B、C 点各自放置桥接器和定向天线，而 A 点则作为中继点，其配置方式有以下几种：①在传输带宽要求不高、传输距离较近的情况下可以只配置一台桥接器和一面全向天线。②如果在中继点采用的是点对多的方式，可以在中继点的网桥上插多块无线网卡分别馈接多部定向天线，指向多个局域网。③放置两台网桥和两面定向天线。

（六）无线网关

网关是指一个网络连接到另一个网络的接口，它可以支持不同协议之间的转换，实现不同协议网络之间的互联。

无线网关顾名思义，即采用无线技术实现网关功能的网络连接设备。由于技术的发展，目前无线 AP、无线路由器、无线网桥等设备的功能发展有趋同的趋势，现在所说的无线网关实际上是指集成了简单路由功能的无线 AP，通过不同设置可以完成无线网桥和无线路由器的功能，直接连接外部网络，实现 AP 的功能。其设置方式可以分为手动设置和自动设置两种：手动设置方式手动更改默认网关比较麻烦，因此一般只用于电脑数量较少且 TCP/IP 参数基本不变的场合；自动设置利用DHCP服务器来给网络中的电脑自动分配IP地址、子网掩码和默认网关，比较适用于网络规模较大且TCP/IP参数有可能变动的地方。无线网关特别适用于中小企业办公室、家庭、大企业的分支机构等地方。

（七）无线调制解调器

调制解调器实际上是调制器与解调器的总称。调制器负责把来自PC机的数字信号进行调制，加载在高频模拟信号上，以适于在电话线上进行远距离传送；解调器则负责把接收到的已调制信号重新翻译、解释成终端设备能够读懂的数字信号。

无线调制解调器又被称为“无线猫”，即采用无线技术实现调制解调过程的设备。它一般由基带处理、调制解调、信号放大和滤波、均衡等几部分组成。

无线调制解调器的应用模式主要有GSM通讯模式和TCP/IP通讯模式两种。

GSM通讯模式包括电路交换和短信通讯两种：电路交换模式主要应用于语音通讯；短信通讯则类似于手机收发短信方式。

TCP/IP通讯模式是基于IP网络通讯的方式，首先进行PPP拨号，获取无线网络IP地址，然后方能进行通讯。

由于无线调制解调器的工作原理涉及内容较多，篇幅所限，本书不在详述。

第六章　物联网、云计算与大数据技术

第一节　物联网技术

一、物联网的基本概念

物联网是当今全球各行业争论的热门话题之一。网络和传感设备的发展推动了物联网技术的快速发展，物联网已成为网络发展的新趋势。它将以人为主要用户的网络转变为以物体为中心的网络，并为数十亿甚至数万亿的设备提供网络。它可以被看成是一个由电子、传感器和软件组成的物理设备网络，这些设备（如汽车、冰箱、电视等）可以通过嵌入式计算系统进行识别，并且可以通过适当的信息和通信技术从任何地方接入网络，以实现更大的服务和价值。

互联网正朝着物联网的方向迅速发展，物联网是未来的互联网。物联网在许多领域都有着重要的应用：在交通运输领域，物联网可以有效地监测城市中的事故，预测交通流量；在医疗行业领域，物联网能够通过在患者体内植入的传感器芯片获取有用的信息，实现智能医疗；在工业生产领域，物联网也可以通过对机械工作的有效预测和智能计量来提高效率。如今，智能医疗、智能家居、智能交通和智能家庭设备都将这一技术用于更美好的数字世界。

（一）物联网的定义

在过去的几十年中，互联网一直处于不断发展的状态。大多数互联网服务旨在满足人与人之间的互动需求，如电子邮件和电话服务。随着互联网技术的发展，以及传感器网络、近场通信技术的出现，互联网和传感器网络产生了融合，人们的生活和工作有了新的变化。为了提供任务和流程自动化，研究人员可以将更多机器连接在一起，机器和机器允许通过互联网进行直接通信，并形成一个自组织的庞大网络。开发新服务将围绕机器到人、机器到机器的物联网及无处不在的网络实现，这就是物联网的产生。

物联网英文称为 internet of things（IoT），其基本思想是把我们周围存在的各种各样的东西或物体，如射频识别（RFID）设备、传感器、激光扫描器、红外感应器、全球定位系统等按约定的协议通过网络连接起来，进行信息交换和通信，以实现智能化识别、定位、跟踪、监控和管理。简而言之，物联网就是基于标准通信协议的全球互联对象网络，是“物与物相连的互联网”。

ITU 对物联网提出的设想是在任何时间、任何地方把任何对象接入网络。物联网是在互联网的基础上延伸和扩展的网络。欧洲委员会对物联网的设想是“具有身份和虚拟人物的事物,在智能空间中运行,并使用智能接口进行连接和通信”。全球 RFID 运作及标准化协调支持行动组织（CASAGRAS）对物联网的设想远远超出了仅仅以“RFID 为中心”的方法，提出了构建一个可以自动与计算机进行通信，并且彼此为人类的利益提供服务的世界，具体包括以下两方面。

（1）提出了物联网作为全球基础设施的设想，该基础设施连接虚拟和物理通用对象。

（2）强调在此设想中包含现有和不断发展的互联网和网络发展的重要性。

尽管世界范围内对于物联网技术没有统一的定义，但其核心概念是日常物品可以配备识别、传感、网络和处理能力，使它们能够通过互联网与其他设备和服务进行通信，并实现一些有用的目标。物联网技术已被各个国家和机构广泛讨论，并且迅速开发了相应的技术。物联网的演变可以通过几个阶段来说明。物联网是通过使用 RFID 技术发起的，RFID 技术越来越多地被应用于物流、制药生产和各种行业。物联网强调网络化事物之间的相互作用，并由此产生了很多新兴技术，如无线传感器网络（WSN）、机器对机器（M2M）网络，以及这些技术融合产生的 MTC 标准。智能传感和无线通信技术也已经成为物联网的一部分，并且出现了新的挑战和研究视野。近年来，技术和应用的发展促使物联网的内涵和外延有了很大的拓展，物联网已经表现为信息技术（information technology, IT）和通信技术（communication technology, CT）的信息通信融合技术（information and communication technology, ICT），是信息社会发展的趋势。

（二）物联网的特征

物联网集成了多种技术，如硬件设计、数据通信、数据存储和挖掘、信息检索和呈现。它还涉及许多学科，包括工程学、计算机科学、商业、社会科学等。和传统的互联网相比，物联网有其鲜明的三大特征。

1. 感知识别

感知识别即利用 RFID、传感器等技术获取物体的深度信息，是各种感知技术的广泛应用。物联网上部署了海量的多种类型传感器，每个传感器都是一个信息源，不同类别的传感器所捕获的信息内容和信息格式不同。传感器按一定的频率周期性地采集环境信息，不断更新数据。通过感知识别，物联网设备收集了大量的数据，并在后期对原始数据进行预处理，以获取结构化的机器可理解的数据。

在物联网中，感知识别是实现无处不在的计算和网络的基本功能。因此，传感器和 RFID，以及其他技术将越来越多地被应用到现实环境中，从而允许将现实世界环境集成到网络服务中。

2. 互联互通

互联互通即通过电信网、互联网或其他网络将物体的信息数据传输出去，它是一种建立在互联网上的泛在网络。物联网技术的重要基础和核心仍旧是互联网，通过各种有线和无线网络与互联网融合，将物体的信息实时、准确地传递出去。在物联网上的传感器定时采集的信息需要通过网络传输，由于其数量极其庞大，形成了海量信息，因此在传输过程中，为了保障数据的正确性和及时性，必须适应各种异构网络和协议。

3. 智能处理

运用云计算、模糊识别等各种智能计算技术，对海量的数据和信息进行分析和处理，从结构化数据中发现隐藏的信息，对物体实行智能化的控制，最终进行智能操作。物联网不仅仅提供了传感器的连接，其本身也具有智能处理的能力，能够对物体实施智能控制。物联网将传感器和智能处理相结合，从传感器获得的海量信息中分析、加工和处理出有意义的数据，以适应不同用户的不同需求，发现新的应用领域和应用模式。

可见，物联网提供可以在任何场合、任何时间的应用场景与用户的自由互动。它依托云服务平台和互通互联的嵌入式处理软件，弱化技术色彩，强化与用户之间的良性互动，其更佳的用户体验、更及时的数据采集和分析建议是通往智能生活的物理支撑。

二、物联网的体系结构

物联网体系结构可从系统组成的角度描述物联网系统，它提供物联网标准体系的依据和参照。物联网体系结构将物联网划分为不同的层，以便使系统可扩展，且支持具有高灵活性的异构环境。物联网的体系结构包含三层：感知层、网络层和应用层。

感知层由各种传感设备构成，包括温湿度传感器、二维码标签、RFID 标签和读写器、摄像头、红外线、GPS 等感知终端，它们可以记录、收集和处理检测数据。感知层是物联网识别物体、采集信息的来源。

网络层由各种网络，包括 M2M、移动通信网、互联网、异构网和专用网等组成，是整个物联网的中枢，负责传递和处理感知层获取的信息。网络层能够使用设备级 API 访问传感层，该 API 提供现实世界中的应用程序之间的数据交换。

应用层提供物联网的应用功能。应用层与用于物联网感知业务流程的流程建模组件相关联，流程可以在流程执行组件中执行。应用层是物联网和用户的接口，它与行业需求结合，实现物联网的智能应用。

物联网架构能够自适应网络环境，以使设备动态地与其他事物交互。物联网体系结构作为物联网系统的顶层全局性描述，指导各行业物联网应用系统设计，对梳理和形成物联网标准体系具有重要的指导意义。目前，有许多国际标准化组织或联盟研究物联网体系结构，包括 ISO/IEC JTC1/WG10、ITU SG20、IEEE P2413、IoT-A 等。这些物联网体系结构表现形式不同，但本质主要与描述物联网的视角有关。

（一）感知层

感知层通过传感器、执行器、二维码标签、RFID 标签和读写器、摄像头、GPS 等感知终端采集的数据，感知周围环境并识别物体。随着越来越多的设备配备 RFID 或智能传感器，人们可以将手机、家电、影像、监控、交通工具和建筑等连接在因特网上。在传感层中，带有标签或传感器的无线智能系统现在能够自动感知和交换不同设备之间的信息。这些技术的进步显著提高了物联网感知和识别物体或环境的能力。在一些工业部门中，智能服务部署方案和通用唯一标识符（UUID）被分配给可能需要的每个服务或设备，从而可以轻松识别和检索出具有 UUID 标识的设备。因此，感知层是部署物联网服务的基础。

感知层由低级设备组成，这些设备具有有限的计算、数据存储和传输能力。因此，它们仅执行原始任务，如监视环境条件、收集信息和更改系统参数。基本上，这些设备是物联网中信息的终点，即源或汇。它们通常与因特网网关连接进行数据聚合。它们还可以通过对等连接进行信息转发。具体而言，传感器、RFID 标签和通信技术的集成是物联网的基础。

现在，物联网变成了一个动态的全球网络基础设施，具有基于标准和互操作通信协议的自我配置功能，其中感知层设备具有身份标识，并使用智能接口，能被无缝集成到信息网络中。

（二）网络层

网络层的作用是将所有事物连接在一起，并允许事物与其他事物共享信息。网络层提供数据通信和网络基础设施，以有效地传输设备数据。网络层能够聚合来自现有 IT 基础设施（如业务系统、运输系统、电网、医疗系统、ICT 系统等）的信息。

为了在物联网中设计网络层，设计人员需要解决诸如异构网络（如固定、无线、移动等）、网络能效、QoS 要求、安全和隐私等问题。

1. 异构网络问题

物联网涉及许多异构网络，如无线传感器网络、无线网状网络、无线局域网等，这些网络有助于物联网交换信息。在物联网中，大量设备由不同的制造商 / 供应商制造，并不总是遵循相同的标准 / 协议。不同的设备具有不同的通信、网络、数据处理、数据存储容量和传输功率。例如，许多智能手机现在具有强大的通信、网络、数据处理和数据存储容量。与智能手机相比，心率监测手表仅具有有限的通信和计算能力。由于异质性，事物之间的通信及不同事物之间的合作事件处理存在许多交互问题。

2. 网络能效问题

从本质上讲，能源是一种至关重要的稀缺资源，因为预计以后终端设备和物联网网络的运行寿命会更长。在传统的 WSN 中，提供给传感器节点的电池具有固定的容量，导致节点寿命有限。为此，必须设计节能机制，以延长网络寿命。针对无线传感器网络设计的休眠机制可以进一步延长网络寿命。在 5G 技术中，开发出了让物联网设备从蜂窝网络辐射的射频（RF）信号中获取能量的功能。

3. 安全和隐私问题

由于物联网连接许多个人物品，这带来了关于隐私的潜在风险。在网络层，对于信息机密性，无线传感器网络中使用的现有加密技术可以在物联网中进行扩展和部署。但是，它可能会增加物联网的复杂性。现有的网络安全技术可以为物联网中的隐私和安全提供基础，但仍需要做更多的工作。

4.QoS 要求

网络中的通信可能涉及 QoS 要求，以保证为不同用户或应用提供可靠的服务，同时通过网络进行的大量数据传输也可能导致频繁的延迟、冲突和通信问题。

开发网络技术和标准是一项具有挑战性的任务，这些技术和标准可以使大量设备收集的数据在物联网网络中高效传输。在架构和协议级别上促进不同实体及管理设备之间的协作、寻址、识别和优化是一项有挑战性的工作。

（三）应用层

目前，在互联网上的大多数设备最初设计为互联网的一部分，并具有集成的处理、存储和网络功能。这些设备包括服务器、台式机、笔记本电脑、平板电脑和智能手机。物联网将这些技术连接到日常设备，如音频 / 视频接收器、烟雾探测器、家用电器等上，并使它们在线连接，即使它们在最初设计时并未考虑到要具备这种能力。每个设备都可以通过互联网直接访问。

物联网的应用领域十分广泛，主要包括公共安全、智能运输、智能建筑、环境保护、工业自动化、移动 POS、消防、军事和遥感勘测等内容。使用具有分布式智能的小型轻量级传感器，从这些联网设备中可以收集大量数据。例如，在可穿戴计算的情况下，传感器被植入人体，并与互联网互联和连接，病人身体出现的任何健康问题都可以立即被医生得知。在不久的将来，互联网还将被纳入服装、牙刷和食品包装等多个领域中。

三、物联网的关键技术

物联网的基础技术是 RFID 技术，它允许微芯片通过无线通信将识别信息传输给阅读器。自 20 世纪 80 年代以来，RFID 已广泛应用于物流、制药生产、零售和供应链管理领域。物联网的另一个基础技术是无线传感器网络（WSN），它主要使用互连的智能传感器来感知和监测。多年来，RFID 和传感器网络等技术已经在工业和制造环境中用于跟踪起重机和牲畜等大件物品。

此外，许多其他技术和设备，如 M2M 技术、多媒体技术、生物识别技术、3S 技术和条码技术等感知技术均属于物联网技术体系的重要组成部分。这些技术在不同行业领域的物联网系统中得到应用，是物联网系统实现的重要技术手段，正在被用于形成支持物联网的广泛网络。

（一）条码技术

条码技术是实现 POS 系统、EDI、电子商务、供应链管理的技术基础，是物流管理现代化的重要技术手段。识别标识如同每台机器、每个商品的“身份证”，使机器之间可以相互识别和区分。常用的技术如条形码技术、RFID 技术等。标识技术已经被广泛应用于商业库存和供应链管理中。

条码技术包括条码的编码技术、条码标识符号的设计、快速识别技术和计算机管理技术，它是实现计算机管理和电子数据交换不可或缺的前端采集技术。

商品条形码是指由一组规则排列的条、空及其对应字符组成的标识，其对应字符由一组阿拉伯数字组成，用以表示一定的商品信息的符号。常见的条形码是由反射率相差很大的黑条（简称“条”）和白条（简称“空”）排成的平行线图案。条形码可以标出物品的生产国、制造厂家、商品名称、生产日期、图书分类号、邮件起止地点、类别等许多信息，因而在商品流通、图书管理、邮政管理、银行系统等许多领域都得到了广泛的应用。条形码技术是随着计算机与信息技术的发展和应用而诞生的，它是集编码、印刷、识别、数据采集和处理于一体的新型技术。

采用条码技术具有以下特点。

1. 技术简单，操作性强

条形码符号制作容易，成本低廉。对条码的识别和读取可以通过各种扫描器实现。条码的识别设备结构简单，操作容易，与其他自动化识别技术相比，条码识别技术成本较低。

2. 条码识别速度快

条码的识别速度为键盘录入速度的 20 倍。

3. 采集信息量大

条码扫描一次可以采集几十位字符的信息，不同码制的条码有不同的字符密度，用户可以根据需求选择，使录入的信息量达到最大。

4. 可靠性高

通过键盘录入数据，误码率为 1/300；通过光学字符识别技术，误码率约为 1/10 000；而通过条码扫描识别技术，误码率可以降低到 1/1 000 000。

物体的颜色是由其反射光的类型决定的，白色物体能反射各种波长的可见光，黑色物体则吸收各种波长的可见光，所以当条形码扫描器光源发出的光在条形码上反射后，反射光照射到条码扫描器内部的光电转换器上，光电转换器将强弱不同的反射光信号转换成相应的电信号。电信号输出到条码扫描器的放大电路中增强信号之后，再送到整形电路将模拟信号转换成数字信号。白条、黑条的宽度不同，相应的电信号持续时间长短也不同，其主要作用就是防止静区宽度不足。然后，译码器通过测量脉冲数字电信号 0、1 的数目来判别条和空的数目，通过测量 0、1 信号持续的时间来判别条和空的宽度。此时所得到的数据仍然是杂乱无章的，要知道条形码所包含的信息，则需根据对应的编码规则，将条形符号换成相应的数字、字符信息。最后，由计算机系统进行数据处理与管理，物品的详细信息便被识别了。

为了方便双向扫描，起止字符具有不对称结构。因此，扫描器扫描时可以自动对条码信息重新排列。

光笔：内部有扫描光速发生器及反射光接收器，是最原始的扫描工具，需要由人手动移动光笔，并且还要与条形码接触或离开极短的距离。

CCD：将 CCD 作为光电转换器，将 LED 作为发光光源的扫描器，在一定范围内可以实现自动扫描，并且可以阅读各种材料、不平表面上的条码，成本也较为低廉。但是与激光式相比，其扫描距离较短。

激光：将激光作为发光源的扫描器，内部光学系统可以由单束光转变为十字光或米字光。激光扫描光照强，可以支持远距离扫描，且能够从不同角度扫描被读取物体。其可分为线型、全角度等几种：线型多用于手持式扫描器，范围远，准确性高；全角度型多为工业级固定式扫描，自动化程度高，在各种方向上都可以自动读取条码及输出电平信号，应结合传感器使用。

影像：以光源拍照利用自带硬解码板解码，通常影像扫描可以同时扫描一维及二维条码，如 Honeywell 引擎。

（二）RFID 技术

射频标签是产品电子代码（EPC）的物理载体，附着于可跟踪的物品上，可全球流通并对其进行识别和读写。RFID 技术作为构建物联网的关键技术，近年来越来越受到人们的关注。

许多行业都运用了 RFID 技术，其在跟踪物体方面的实用性已得到了很好的证实。该技术在物流和供应链管理、航空、食品安全、零售、公用事业等领域广泛应用。射频标签也可以附于牲畜与宠物上，方便对牲畜与宠物的积极识别。射频识别的身份识别卡可以使员工得以进入锁住的建筑物内，汽车上的射频应答器也可以用来征收收费路段与停车场的费用。

RFID 是一种短距离通信技术，其中 RFID 标签通过射频电磁场与 RFID 读取器通信。标签可能包含不同形式的数据，但最常用于物联网应用的数据形式是电子产品代码或 EPC。EPC 是对象的通用唯一标识符，这些唯一标识符可确保用 RFID 标签跟踪的物体在物联网中具有个体身份。EPC 编码有通用标志（GID），也有基于现有全球唯一的编码体系的 EAN/UCC 的标识（SGTIN、SSCC、SGLN、GRAI、GIAI）。

RFID 技术的基本工作原理：标签进入磁场后，接收解读器发出的射频信号，凭借感应电流所获得的能量发送出存储在芯片中的产品信息（无源标签或被动标签），或者由标签主动发送某一频率的信号（有源标签或主动标签），解读器读取信息并解码后，送至中央信息系统进行有关数据的处理。

一套完整的 RFID 系统是由阅读器与电子标签（应答器）及应用软件系统三个部分所组成的，其工作原理是阅读器发射一特定频率的无线电波能量，用以驱动电路将内部的数据送出，此时阅读器便依序接收解读数据，送给应用程序做相应的处理。

应答器：由天线、耦合元件及芯片组成，一般来说都是用标签作为应答器的，每个标签具有唯一的电子编码，附着在物体上标识目标对象。

阅读器：由天线、耦合元件及芯片组成，是读取（有时还可以写入）标签信息的设备，可设计为手持式 RFID 读写器或固定式读写器。

应用软件系统：应用层软件，主要是把收集的数据做进一步处理，并为人们所使用。

以 RFID 卡片阅读器及电子标签之间的通信及能量感应方式来看，大致上可以分成感应耦合及后向散射耦合两种。一般低频的RFID大都采用第一种方式，而较高频的RFID大多采用第二种方式。

阅读器根据使用的不同结构和技术可以分成读或读/写装置，是RFID系统的信息控制和处理中心。阅读器通常由耦合模块、收发模块、控制模块和接口单元组成。阅读器和应答器之间一般采用半双工通信方式进行信息交换，同时阅读器通过耦合给无源应答器提供能量和时序。在实际应用中，可进一步通过ethernet或WLAN等实现对物体识别信息的采集、处理及远程传送等管理功能。

（三）传感器网络技术

近年来，随着物联网的发展，无线传感器网络（WSN）被认为是蓬勃发展的技术之一。传感器是一种电子设备，可以检测、感知或测量来自现实环境的物理刺激。无线传感器网络由用于数据监视的大量传感器节点和用于处理这些传感器节点发送的数据的融合中心（FC）组成。传感器网络可以看成是由大量部署在作用区域内的、具有无线通信与计算能力的微小传感器节点通过自组织方式构成的能根据环境自主完成指定任务的分布式智能化网络系统。传感器网络节点间的距离很短，一般采用多跳（multi-hop）的无线通信方式进行通信。传感器网络可以在独立的环境下运行，也可以通过网关连接到因特网进行远程访问。

传感器网络综合了传感器技术、嵌入式计算技术、现代网络、无线通信技术、分布式信息处理技术等，能够通过各类集成化的微型传感器协作地实时监测、感知和采集各种环境或监测对象的信息，通过嵌入式系统对信息进行处理，并通过随机自组织无线通信网络以多跳中继方式将所感知的信息传送到用户终端，从而真正实现“无处不在的计算”理念。无线传感器网络具有广泛的应用，如环境监测，即污染预防、精确农业、结构和建筑物健康，以及事件检测，即入侵、火灾/洪水紧急情况和目标跟踪。

传感器网络节点的组成和功能包括如下四个基本单元：传感单元（由传感器和模数转换功能模块组成）、处理单元（由嵌入式系统构成，包括CPU、存储器、嵌入式操作系统等）、通信单元（由无线通信模块组成），以及电源部分。此外，可以选择的其他功能单元包括定位系统、运动系统及发电装置等。

在传感器网络中，节点通过各种方式大量部署在被感知对象内部或者附近。这些节点通过自组织方式构成无线网络，以协作的方式感知、采集和处理网络覆盖区域中特定的信息，可以实现对任意地点、在任意时间的采集、处理和分析。

一个典型的传感器网络的结构包括分布式传感器节点（群）、汇聚（sink）节点、互联网和用户界面等。

传感节点之间可以相互通信，自组织成网并通过多跳的方式连接至汇聚节点，汇聚节点收到数据后通过网关完成和公用因特网的连接。整个系统通过任务管理器来管理和控制。

传感器网络的每个节点除配备了一个或多个传感器外，还装备了一个无线电收发器、一个很小的微控制器和一个能源（通常为电池）。单个传感器节点的尺寸大到如同一个鞋盒，小到如同一粒尘埃。传感器节点的成本也是不固定的，从几百元到几分，这取决于传感器网络的规模及单个传感器节点所需的复杂度。传感器节点尺寸与复杂度的限制决定了能量、存储、计算速度与频宽的受限。

把传感模块和电源模块看作传统的传感器，再加上微处理器系统就可对应于智能传感器，而无线通信模块是为了实现无线通信功能。增强功能模块是可选配置，如时间同步系统、卫星定位系统、用于移动的机械系统等。

从传感节点的系统组成上看，传感器网络可以看作多个增加了无线通信模块的智能传感器组成的自组织网络。而从功能上看，传感器和传感器网络大致相同，都是用来感知监测环境信息的，不过传感器网络显然具备更高的可靠性。

（四）M2M 技术

M2M 是 Machine-to-Machine/Man 的简称，是一种以机器终端智能交互为核心的、网络化的应用与服务。它通过在机器内部嵌入无线通信模块，以无线通信等为接入手段，为客户提供综合的信息化解决方案，以满足客户对监控、指挥调度、数据采集和测量等方面的信息化需求。M2M 根据其应用服务对象可以分为个人、家庭、行业三大类。

通信网络技术的出现和发展给社会生活面貌带来了极大的变化，人与人之间可以更加快捷地沟通，信息的交流更顺畅。但是，仅仅是计算机和其他一些 IT 类设备具备这种通信和网络能力，众多的普通机器设备几乎不具备联网和通信能力，如家电、车辆、自动售货机、工厂设备等。M2M 技术的目标就是使所有机器设备都具备联网和通信能力，其核心理念就是“网络一切”（network everything）。M2M 技术解决了机器到人、人到机器和机器到机器的通信。M2M 技术具有非常重要的意义，有着广阔的市场和应用前景，推动着社会生产和生活方式新一轮的变革。

M2M 是一种理念，也是所有增强机器设备通信和网络能力的技术的总称。人与人之间的沟通很多也是通过机器实现的，如通过手机、电脑、传真机等机器设备之间的通信来实现人与人之间的沟通。另外一类技术是专为机器和机器建立通信而设计的，如许多智能化仪器仪表都带有 RS-232 接口和 GPIB 通信接口，增强了仪器与仪器之间、仪器与电脑之间的通信能力。绝大多数的机器和传感器不具备本地或者远程的通信和联网能力。

实现 M2M 的第一步就是从机器 / 设备中获得数据，然后把它们通过网络发送出去。使机器具备“说话”能力的基本方法有两种：生产设备的时候嵌入 M2M 硬件；对已有机器进行改装，使其具备通信 / 联网能力。

M2M 硬件是使机器获得远程通信和联网能力的部件，其产品可分为以下五种。

1. 嵌入式硬件

嵌入式硬件嵌入机器里面，使其具备网络通信能力。常见的产品是支持 GSM/GPRS 或 CDMA 无线移动通信网络的无线嵌入数据模块。

2. 可组装硬件

在 M2M 的工业应用中，厂商拥有大量不具备 M2M 通信和联网能力的设备仪器，可改装硬件就是为满足这些机器的网络通信能力需求而设计的。其实现形式各不相同，包括从传感器收集数据的 I/O 设备，完成协议转换功能并将数据发送到通信网络的连接终端（connectivity terminals），有些 M2M 硬件还具备回控功能。

3. 调制解调器

上面提到嵌入式模块将数据传送到移动通信网络上时，起的就是调制解调器的作用。如果要将数据通过公用电话网络或者以太网送出，分别需要相应的 modem。

4. 传感器

传感器可分成普通传感器和智能传感器两种。智能传感器是指具有感知能力、计算能力和通信能力的微型传感器。由智能传感器组成的传感器网络是 M2M 技术的重要组成部分。一组具备通信能力的智能传感器以 Ad Hoc 方式构成无线网络，协作感知、采集和处理网络覆盖的地理区域中感知对象的信息，并发送给观察者；也可以通过 GSM 网络或卫星通信网络将信息传给远方的 IT 系统。

5. 识别标识（location tags）

M2M 技术的出现使得网络社会的内涵有了新的内容。网络社会的成员除了原有的人、计算机、IT 设备，数以亿计的非 IT 机器 / 设备正要加入进来。随着 M2M 技术的发展，这些新成员的数量和其数据交换的网络流量将会迅速地增加。

通信网络在整个 M2M 技术框架中处于核心地位，包括：广域网（无线移动通信网络、卫星通信网络、Internet、公众电话网）、局域网（以太网、无线局域网、Bluetooth）、个域网（ZigBee、传感器网络）。

在 M2M 技术框架中的通信网络中有两个主要参与者，它们是网络运营商和网络集成商。尤其是移动通信网络运营商，在推动 M2M 技术应用方面起着至关重要的作用，它们是 M2M 技术应用的主要推动者。

M2M 中间件包括两部分：M2M 网关、数据收集 / 集成部件。网关是 M2M 系统中的“翻译员”，它获取来自通信网络的数据，将数据传送给信息处理系统，其主要的功能是完成不同通信协议之间的转换。典型产品如 Nokia 的 M2M 网关。

数据收集 / 集成部件是为了将数据变成有价值的信息对原始数据进行不同的加工和处理，并将结果呈现给需要这些信息的观察者和决策者。这些中间件包括数据分析和商业智能部件、异常情况报告和工作流程部件、数据仓库和存储部件等。

（五）生物识别技术

生物识别技术主要是指通过人类生物特征进行身份认证的一种技术，人类的生物特征通常具有唯一性、可以测量或可自动识别验证性、遗传性或终身不变等特点，因此生物识别认证技术较传统认证技术存在较大的优势。

生物识别技术就是通过计算机与光学、声学、生物传感器和生物统计学原理等高科技手段的密切结合，利用人体固有的生理特性（如指纹、指静脉、人脸、虹膜等）和行为特征（如笔迹、声音、步态等）来进行个人身份的鉴定。

传统的身份鉴定方法包括身份标识物品（如钥匙、证件、ATM 卡等）和身份标识知识（如用户名和密码），但由于主要借助体外物，一旦证明身份的标识物品和标识知识被盗或被遗忘，其身份就容易被他人冒充或取代。

由于人体特征具有人体所固有的不可复制的唯一性，这一生物密钥无法复制、失窃或被遗忘，利用生物识别技术进行身份认定，安全、可靠、准确。而常见的口令、

IC 卡、条纹码、磁卡或钥匙则存在着丢失、遗忘、复制及被盗用等诸多不利因素。因此，采用生物“钥匙”，可以不必携带钥匙，也不用费心去记或更换密码，而系统管理员更不必因忘记密码而束手无策。生物识别技术产品均借助于现代计算机技术实现，很容易配合电脑和安全、监控、管理系统整合，实现自动化管理。

生物识别系统对生物特征进行取样，提取其唯一的特征并且转化成数字代码，并进一步将这些代码组成特征模板。由于微处理器及各种电子元器件成本不断下降，精度逐渐提高，生物识别系统逐渐应用于商业上的授权控制，如门禁、企业考勤管理系统、安全认证等领域。用于生物识别的生物特征有手形、指纹、脸形、虹膜、视网膜、脉搏、耳廓等，行为特征有签字、声音、按键力度等。基于这些特征，人们已经发展了手形识别、指纹识别、面部识别、发音识别、虹膜识别、签名识别等多种生物识别技术。

生物识别技术比传统的身份鉴定方法更具安全性、保密性和方便性。生物特征识别技术具备不易遗忘、防伪性能好、不易伪造或被盗、可随身“携带”和随时随地可用等优点。

第二节　云计算技术

一、云计算技术概述

（一）云计算的起源

云计算(cloud computing)是网格计算(grid computing)、分布式计算(distributed computing)、并行计算（paralle computing）、效用计算（utiliy computing）、网络存储（network storage technologies）、虚拟化（virtualization）、负载均衡（load balance）等传统计算机技术和网络技术发展融合的产物。

在传统模式下，企业建立一套 IT 系统不仅需要购买硬件等基础设施，还要购买软件的许可证，需要安排专门的人员维护。当企业的规模扩大时，还要继续升级各种软硬件设施以满足需要。对于企业来说，计算机等硬件和软件本身并非它们真正需要的，这些东西仅仅是完成工作、提高效率的工具而已。对于个人来说，用户想正常使用电脑需要安装许多软件，而这些软件是收费的，对于不经常使用该软件的用户来说来购买它们是非常不划算的。

人们每天都要用电，但不是每家都自备发电机，它由电厂集中提供；人们每天都要用水，但不是每家都有井，它由自来水厂集中提供。这种模式极大地节约了资源，方便了人们的生活。面对计算机给人们带来的困扰，可不可以像使用水和电一样使用计算机资源？这些想法最终促使了云计算的产生。

云计算的最终目标是将计算、服务和应用作为一种公共设施提供给人们，使人们能够像使用水、电、煤气和电话那样使用计算机资源。

云计算模式即电厂集中供电模式。在云计算模式下，用户的计算机会变得十分简单，或许不大的内存、不需要硬盘和各种应用软件就可以满足人们的需求，因为用户的计算机除了通过浏览器给“云”发送指令和接收数据，基本上什么都不用做便可以使用云服务提供商的计算资源、存储空间和各种应用软件。这就像连接“显示器”和“主机”的电线无限长，从而可以把显示器放在使用者的面前，而主机放在远到甚至计算机使用者本人也不知道的地方。云计算把连接“显示器”和“主机”的电线变成了网络，把“主机”变成了云服务提供商的服务器集群。

在云计算环境下的使用观念也会发生彻底的变化，即从“购买产品”到“购买服务”。用户不需要拥有看得见、摸得着的硬件设施，也不需要为机房支付设备供电、空调制冷、专人维护等费用，并且不需要等待供货周期、项目实施等冗长的时间，只需要把钱汇给云计算服务提供商家，就能够马上得到需要的服务。

（二）云计算的基本概念

云计算将计算任务分布在大量计算机构成的资源池上，使各种应用系统能够根据需要获取计算力、存储空间和各种软件服务。

狭义的云计算是指厂商通过分布式计算和虚拟化技术搭建数据中心或超级计算机，以免费或按需租用方式向技术开发者或者企业客户提供数据存储、分析及科学计算等服务，如亚马逊数据仓库出租生意。

广义的云计算是指厂商通过建立网络服务器集群，向各种不同类型的客户提供在线软件、硬件租借、数据存储、计算分析等不同类型的服务。广义的云计算包括了更多的厂商和服务类型，如国内用友、金蝶等管理软件厂商推出的在线财务软件等。

通俗的理解是，云计算的“云”就是存在于互联网上的服务器集群上的资源，它包括硬件资源（服务器、存储器、CPU 等）和软件资源（应用软件、集成开发环境等），本地计算机只需通过互联网发送一个需求信息，远端就会有成千上万的计算机为用户提供需要的资源并将结果返回到本地计算机。这样，本地计算机几乎不需要做什么，所有的处理都在云计算提供商提供的计算机群上完成。

但是，云计算并不是一个简单的技术名词，并不仅仅意味着一项技术或系列技术的组合。从更广泛的意义上来看，云计算是指服务的交付和使用模式，即通过网络以按需、易扩展的方式获得所需的服务，这种服务可以是 IT 基础设施（硬件、平台、软件），也可以是任意其他的服务。无论是狭义还是广义，云计算所秉承的核心理念是“按需服务”，就和人们使用水、电、天然气等资源的方式一样，这也是云计算对 ICT 领域，乃至人类社会发展最重要的意义所在。

二、云计算的特征和优势

（一）超大规模

“云”具有相当大的规模，如 Goggle 云计算已经拥有 100 多万台服务器，Amazon、IBM、Microsoft 等的“云”均拥有几十万台服务器。企业私有云一般拥有成百上千台服务器。“云”能赋予用户前所未有的计算机能力。

（二）虚拟化

云计算支持用户在任意位置使用各种终端获取应用服务。用户请求的资源来自“云”，应用在“云”中某处运行，但实际上用户无须了解，也不用担心具体位置。只需要一台电脑或者一部手机，就可以通过网络服务来实现用户需要的一切，甚至包括超级计算这样的任务。

（三）高可靠性

“云”使用了数据多副本容错、计算节点同构可互换等措施来保障服务的高可靠性，使用云计算比使用本地计算机可靠。

（四）通用性

云计算不针对特定的应用，在“云”的支撑下可以构造出千变万化的应用，同一个“云”可以同时支撑不同的应用运行。

（五）高可扩展性

“云”的规模可以动态伸缩，满足应用和用户规模增长的需要。

（六）按需服务

“云”是一个庞大的资源池，用户按需购买，它可以像水、电、煤气那样计费。

（七）极其廉价

由于“云”的特殊容错措施可以采用极其廉价的节点来构成“云”，“云”的自动化集中式管理使大量企业无须负担日益高昂的数据中心管理成本，“云”的通用性使资源的利用率较之传统系统大幅提升，因此用户可以充分享受“云”的低成本优势，经常只要花费几百元、几天时间就能完成以前需要数万元、数月才能完成的任务。

云计算可以彻底改变人们未来的生活，但同时也要重视环境问题，这样才能真正为人类进步做贡献，而不是简单地提升技术。

（八）潜在的危险性

云计算服务除了提供计算服务，还必然提供了存储服务。但是，云计算服务仅能够提供商业信用。政府机构、商业机构（特别是像银行这样持有敏感数据的商业机构）对于选择云计算服务应保持足够的警惕。一旦商业用户大规模使用私人机构提供的云计算服务，无论其技术优势有多强，都不可避免地让这些私人机构获得“数据（信息）”。对于信息社会而言，“信息”是至关重要的。另外，云计算中的数据对于数据所有者以外的其他云计算用户是保密的，但是对于提供云计算的商业机构而言则毫无秘密可言。这就像常人不能监听别人的电话，但是电信公司可以随时监听任何电话。所有这些潜在的危险是商业机构和政府机构选择云计算服务，特别是国外机构提供的云计算服务时，不得不考虑的一个重要前提。

云计算（cloud computing）是分布式计算的一种，指的是通过网络“云”将巨大的数据计算处理程序分解成无数个小程序，然后，通过多部服务器组成的系统进行处理和分析这些小程序得到结果并返回给用户。云计算早期，简单地说，就是简单的分布式计算，解决任务分发，并进行计算结果的合并。因而，云计算又称为网格计算。通过这项技术，可以在很短的时间内（几秒钟）完成对数以万计的数据的处理，从而达到强大的网络服务。

现阶段所说的云服务已经不单单是一种分布式计算，而是分布式计算、效用计算、负载均衡、并行计算、网络存储、热备份冗杂和虚拟化等计算机技术混合演进并跃升的结果。

三、云计算的服务类型

（一）软件即服务（SaaS）

SaaS 提供商将应用软件统一部署在自己的服务器上，用户根据需求通过互联网向厂商订购应用软件服务，服务提供商根据客户所定软件的数量、时间的长短等因素收费，并且通过浏览器向用户提供软件。这种服务模式的优势是由服务提供商维护和管理软件，提供软件运行的硬件设施，用户只需拥有能够接入互联网的终端，即可随时随地使用软件。在这种模式下，客户不再像传统模式那样花费大量资金在硬件、软件维护方面，只需要支出一定的租赁服务费用，通过互联网就可以享受到相应的硬件、软件和维护服务，这是网络应用最具效益的营运模式。对于小型企业来说，SaaS 是采用先进技术的最好途径。

以企业管理软件来说，SaaS 模式的云计算 ERP 可以让客户根据并发用户数量、所用功能多少、数据存储容量、使用时间长短等因素的不同组合按需支付服务费用，既不用支付软件许可费用、服务器等硬件设备费用，以及购买操作系统、数据库等的费用，也不用承担软件项目定制、开发、实施费用和 IT 维护部门的开支，实际上云计算 ERP 正是继承了开源 ERP 免许可费用，只收服务费用的最重要特征，是突出了服务的 ERP 产品。

（二）云存储

1. 云存储的概念

云存储是指通过集群应用、网格技术或分布式文件系统等功能，将网络中大量不同类型的存储设备通过应用软件集合起来协同工作，共同对外提供数据存储和业务访问功能的系统。数据量的迅猛增长使储存能力成为企业无法回避的一个问题，与之相关的费用开支成为数据中心最大的成本，持续增长的数据存储压力使得云存储成为云计算方面比较成熟的一项业务。可以预见的云存储业务类型包括数据备份、在线文档处理和协同工作等。

根据面向客户规模的不同，数据备份业务可以分为面向个人用户和面向企业用户两种形式。个人用户可以通过互联网将数据存储在远程服务提供商的网络磁盘空间里，并在需要时从网络下载原始数据。对于企业用户而言，可以把大规模的数据交由云计算平台托管，省却设备和人员的投入，也可以将现有数据以冗余的形式备份在云计算平台中，当本地数据发生故障时可以恢复到原有的状态。

2. 云存储在线文件夹和文件存储的优势

（1）不必为文件存储硬件投入任何前期的费用。服务提供商一直在大力宣传这个事实，但实际情况是人们能够租赁服务器硬件和软件，把每个月的费用减少到可以管理的规模，而这两种方式都可以得到已知的预算总数。

（2）主机服务提供商负责维护用户文件服务器的安全和进行更新。用户当然可以自己购买或租赁服务器来组建他们的应用。但是，他们却不能预测未来的安全更新、错误和硬件故障，而服务提供商会安排专人负责管理和存储，保持系统处于最新状态。

3. 云存储的种类

可以把云存储分成两类：块存储（block storage）与文件存储（flie storage）。

（1）block storage会把单笔数据写到不同的硬盘上，借以得到较大的单笔读写带宽，适合数据库或是需要单笔数据快速读写的应用。它的优点是对单笔数据读写很快；缺点是成本较高，并且无法解决海量文件的储存问题。

（2）file storage是基于文件级别的存储，它是把整个文件放在一个硬盘上，即使文件太大需要拆分时，也放在同一个硬盘上。它的缺点是对单文件的读写会受到单一硬盘的限制；优点是对一个多文件、多人使用的系统，总带宽可以随着存储节点的增加而扩展，它的架构可以无限制地扩容，并且成本低廉。

4. 云存储技术选择

虽然在可扩展的NAS平台上有很多选择，但是通常来说，它们表现为一种服务、一种硬件设备或一种软件解决方案，每一种选择都有它们自身的优势和劣势。

（1）服务模式：在最普遍的情况下，当考虑云存储时，人们就会想到其所提供的服务产品。这种模式很容易开始，其可扩展性几乎是瞬间的。根据定义，用户拥有一份异地数据的备份。然而，带宽是有限的，因此要考虑用户的恢复模型，必须满足网络之外的数据需求。

（2）HW模式：部署位于防火墙背后，并且其提供的吞吐量要比公共的内部网络好。购买整合的硬件存储解决方案非常方便，而且如果厂商在安装、管理上做得好的话，其往往伴有机架和堆栈模型。但是，这样用户就会放弃某些摩尔定律的优势，因为会受到硬件设备的限制。

（3）SW 模式：具有 HW 模式所具有的优势。另外，它还具有 HW 模式所没有的价格优势。然而，其安装、管理过程需要谨慎关注，因为安装一些 SW 比较困难，可能需要其他条件来限制人们只能选择 SW。

（三）云安全

紧随云计算、云存储之后，云安全也出现了。云安全是我国企业创造的概念，在国际云计算领域独树一帜。

"云安全（cloud security）"计划是网络时代信息安全的最新体现，它融合了并行处理、网格计算、未知病毒行为判断等新兴技术和概念，通过网状的大量客户端对网络中软件行为的异常监测，获取互联网中木马、恶意程序的最新信息，传送到 server 端进行自动分析和处理，再把病毒和木马的解决方案分发到每一个客户端。

未来的杀毒软件将无法有效地处理日益增多的恶意程序。来自互联网的主要威胁正在由计算机病毒转向恶意程序及木马，在这样的情况下，采用特征库判别法显然已经过时。云安全技术应用后，识别和查杀病毒不再仅仅依靠本地硬盘中的病毒库，而是依靠庞大的网络服务，实时进行采集、分析和处理。整个互联网就是一个巨大的"杀毒软件"，参与者越多，每个参与者就越安全，整个互联网就会更安全。

云安全概念的提出曾引起广泛的争议，许多人认为它是伪命题。但事实胜于雄辩，云安全的发展像一阵风，瑞星、趋势、卡巴斯基、MCAFEE、SYMANTEC、江民科技 PANDA、金山、360 安全卫士等都推出了云安全解决方案。瑞星基于云安全策略开发的产品，每天拦截数百万次木马攻击；趋势科技云安全已经在全球建立了五大数据中心，具有几万部在线服务器。

第三节　大数据技术

一、大数据技术概念

对于"大数据"，研究机构 Gartner 给出了定义："大数据是需要新处理模式才能具有更强的决策力、洞察发现力和流程优化能力的海量、高增长率和多样化的信息资产。”

大数据技术的战略意义不在于掌握庞大的数据信息，而在于对这些含有意义的数据进行专业化处理。换言之，如果把大数据比作一种产业，那么这种产业实现盈利的关键在于提高对数据的“加工能力”，通过“加工”实现数据的“增值”。

从技术上看，大数据与云计算的关系就像一枚硬币的正反面一样密不可分。大数据必然无法用单台的计算机进行处理，必须采用分布式架构。它的特色在于对海量数据进行分布式数据挖掘，但它必须依托云计算的分布式处理、分布式数据库，以及云存储、虚拟化技术。

随着云时代的来临，大数据也吸引了越来越多的关注。大数据通常用来形容一个公司创造的大量非结构化数据和半结构化数据，这些数据在下载到关系型数据库中用于分析时会花费过多的时间和金钱。大数据分析常和云计算联系到一起，因为实时的大型数据集分析需要像 MapReduce 一样的框架来向数十、数百或甚至数千的电脑分配工作。

大数据需要特殊的技术，以有效地处理大量的容忍经过时间内的数据。适用于大数据的技术包括大规模并行处理（MPP）数据库、数据挖掘电网、分布式文件系统、分布式数据库、云计算平台、互联网和可扩展的存储系统。

二、大数据处理与分析

（一）大数据分析的五个基本方面

1. 预测性分析能力（predictive analytic capabilities）

数据挖掘可以让分析员更好地理解数据，而预测性分析可以让分析员根据可视化分析和数据挖掘的结果做出一些预测性的判断。

2. 数据质量和数据管理（data quality and master data management）

数据质量和数据管理是一些管理方面的最佳实践。通过标准化的流程和工具对数据进行处理可以保证一个预先定义好的高质量的分析结果。

3. 可视化分析（analytic visualizations）

不管是数据分析专家还是普通用户，数据可视化都是数据分析工具最基本的要求。可视化可以直观地展示数据，让数据自己说话，让观众听到结果。

4. 语义引擎（semantic engines）

非结构化数据的多样性带来了数据分析的新的挑战，人们需要一系列的工具去解析、提取、分析数据。语义引擎需要被设计成能够从“文档”中智能提取信息。

5. 数据挖掘算法（data mining algorithms）

可视化是给人看的，数据挖掘就是给机器看的。集群、分割、孤立点分析及一些其他的算法让人们能够深入数据内部挖掘价值。这些算法不仅要处理大数据的量，也要处理大数据的速度。

假如大数据真的是下一个重要的技术革新，那么最好把精力放在大数据能给人们带来的好处，而不仅仅是挑战上。

（二）大数据处理

大数据处理的三大转变：要全体不要抽样、要效率不要绝对精确、要相关不要因果。具体的大数据处理方法其实有很多，但是根据长时间的实践，笔者总结了一个基本的大数据处理流程，并且这个流程应该能够对理顺大数据的处理有所帮助。整个处理流程可以概括为四步，分别是采集、统计和分析、导入和预处理，以及挖掘。

1. 采集

大数据的采集是指利用多个数据库来接收发自客户端的数据，并且用户可以通过这些数据库来进行简单的查询和处理工作。比如，电商会使用传统的关系型数据库 MySQL 和 Oracle 等来存储每一笔事务数据。除此之外，Redis 和 MongoDB 这样的 NoSQL 数据库也常用于数据的采集。

在大数据的采集过程中，其主要特点和挑战是并发数高，因为同时可能会有成千上万的用户来进行访问和操作，如火车票售票网站和淘宝网，它们并发的访问量在峰值时达到上百万人次，所以需要在采集端部署大量数据库才能支撑。如何在这些数据库之间进行负载均衡和分片，是需要深入地思考和设计的。

2. 统计和分析

统计和分析主要利用分布式数据库或者分布式计算集群来对存储于其内的海量数据进行普通的分析和分类汇总等，以满足大多数常见的分析需求。在这方面：一些实时性需求会用到 EMC 的 GreenPlum、Oracle 的 Exadata，以及基于 MySQL 的列式存储 Infobright 等；一些批处理，或者基于半结构化数据的需求可以使用

Hadoop。统计和分析的主要特点和挑战是分析涉及的数据量大，其对系统资源，特别是I/O会有极大的占用。

3. 导入和预处理

虽然采集端本身会有很多数据库，但是如果要对这些海量数据进行有效的分析，还是应该将这些来自前端的数据导入一个集中的大型分布式数据库或者分布式存储集群中，并且可以在导入基础上做一些简单的清洗和预处理工作。也有一些用户会在导入时使用来自 Twitter 的 Storm 来对数据进行流式计算，满足部分业务的实时计算需求。导入与预处理过程的特点和挑战主要是导入的数据量大，每秒钟的导入量经常会达到百兆甚至千兆级别。

4. 挖掘

与前面统计和分析过程不同的是，数据挖掘一般没有什么预先设定好的主题，主要是在现有数据上进行基于各种算法的计算，从而起到预测的效果，实现一些高级别数据分析的需求。比较典型的算法有用于聚类的 K-Means、用于统计学习的 SVM 和用于分类的 Naive Bayes，使用的主要工具有 Hadoop Mahout 等。该过程的特点和挑战主要是用于挖掘的算法很复杂，并且计算涉及的数据量和计算量都很大。另外，常用数据挖掘算法都以单线程为主。

三、大数据的典型应用示例

数据应该随时为决策提供依据，企业需要向创造和取得数据方面的投入索取回报。有效管理来自新旧来源的数据及获取能够破解庞大数据集含义的工具只是等式的一部分，但是这种挑战不容低估。产生的数据在数量上持续膨胀；音频、视频和图像等富媒体需要新的方法来发现；电子邮件和社交网络等合作和交流系统以非结构化文本的形式保存数据，必须用一种智能的方式来解读。

但是，应该将这种复杂性看成是一种机会而不是问题。处理方法正确时，产生的数据越多，结果就会越成熟、可靠。传感器、GPS 系统和社交数据的新世界将带来转变运营的惊人新视角和机会。

有些人会说，数据中蕴含的价值只能由专业人员来解读，但是数据的价值在于将正确的信息在正确的时间交付到正确的人手中。未来将属于那些能够驾驭所拥有的数据的公司，这些数据与公司自身的业务和客户相关，公司能通过对数据的利用发现新的洞见，帮助它们找出竞争优势。

自从有了 IT 部门，公司董事会就一直在要求信息管理专家提供洞察力。实际上，早在 1951 年，对预测小吃店蛋糕需求的诉求就催生了计算机的首次商业应用。自那以后，人们利用技术来识别趋势和制定战略战术的能力不断呈指数级上升。

在理想的世界中，IT 是巨大的杠杆，改变了公司的影响力，带来竞争差异，节省金钱，增加利润，愉悦买家，奖赏忠诚用户，将潜在客户转化为现实客户，增加吸引力，打败竞争对手，开拓用户群并创造市场。

大数据分析是商业智能的演进。当今，传感器、GPS 系统、QR 码、社交网络等正在创建新的数据流。所有这些都可以得到发掘，正是这种具有真正的广度和深度的信息在创造不胜枚举的机会。要使大数据言之有物，以便让大中小企业都能通过更加贴近客户的方式取得竞争优势，数据集成和数据管理是核心所在。

面临从全球化到衰退威胁的风暴，IT 部门领导需要在掘金大数据的：“战斗”中打头阵，新经济环境中的赢家将会是最好地理解哪些指标影响其大步前进的人。

四、大数据应用

大数据将会放大人们的能力，了解看起来难以理解和随机的事物。

大数据的意义是由人类日益普及的网络行为所伴生的，受到相关部门、企业的采集，蕴含数据生产者的真实意图、喜好，是非传统结构和意义的数据。

大数据正在改变着产品和生产过程、企业和产业，甚至竞争本身的性质。把信息技术看作辅助或服务性的工具已经成为过时的观念，管理者应该认识到信息技术的广泛影响和深刻含义，以及怎样利用信息技术来创造有力而持久的竞争优势。无疑，信息技术正在改变着人们习以为常的经营之道，一场关系到企业生死存亡的技术革命已经到来。

借着大数据时代的热潮，微软公司生产了一款数据驱动的软件，主要是为工程建设节约资源、提高效率，在这个过程中可以为世界节约 40% 的能源。抛开这个软件的前景不看，从微软团队致力于研究开始，可以看到它们的目标不仅是节约能源，而且更加关注智能化运营。通过跟踪取暖器、空调、风扇及灯光等积累下来的超大量数据，捕捉如何杜绝能源浪费。

大数据时代的来临首先是由数据丰富度决定的。社交网络兴起，大量的用户生成内容、音频、文本信息、视频、图片等非结构化数据出现了。另外，物联网的数据量更大，加上移动互联网能更准确、更快地收集用户信息，如位置、生活信息位置、生活信息等数据，因此从数据量来说，现在已进入大数据时代，但硬件明显已跟不上数据发展的脚步。

提及“大数据”，通常是指解决问题的一种方法，并对其进行分析挖掘，进而从中获得有价值信息，最终衍化出一种新的商业模式。

虽然大数据技术在我国国内还处于初级阶段，但是商业价值已经显现出来。首先，手中握有数据的公司站在“金矿”上，基于数据交易即可产生很好的效益；其次，基于数据挖掘会有很多商业模式诞生，其定位角度不同。或侧重数据分析，如帮企业挖掘内部数据；或侧重优化，如帮企业更精准地找到客户，降低营销成本，提高企业销售率，增加利润。

五、云计算与大数据的发展

（一）意义

1. 变革价值的力量

未来，决定中国是不是有大智慧的核心意义标准就是国民幸福。一体现到民生上，通过大数据让事情变得澄明，看人们在人与人的关系上做得是否比以前更有意义；二体现在生态上，看人们在自然与人的关系上做得是否比以前更有意义。

2. 变革经济的力量

生产者是有价值的，消费者是价值的意义所在。有意义的才有价值：消费者不认同的就卖不出去，就实现不了价值；只有消费者认同的才卖得出去，才实现得了价值。大数据帮助人们从消费者这个源头识别意义，从而帮助生产者实现价值，这就是启动内需的原理。

3. 变革组织的力量

随着具有语义网特征的数据基础设施和数据资源发展起来，组织的变革就越来越显得不可避免。大数据将推动网络结构产生无组织的组织力量。最先反映这种结构特点的是各种各样去中心化的 Web 2.0 应用，如 RSS、维基、博客等。大数据之所以成为时代变革的力量，就在于它通过追随意义而获得智慧。

（二）用途

大数据可分成大数据技术、大数据工程、大数据科学和大数据应用等，目前人们谈论最多的是大数据技术和大数据应用，大数据工程和大数据科学问题尚未被重视。大数据工程指大数据规划、建设、运营、管理的系统工程；大数据科学关注大数据网络发展和运营过程中发现和验证大数据的规律，以及它与自然和社会活动之间的关系。

（三）大数据与云计算的关系

物联网、云计算、移动互联网、车联网、手机、平板电脑、PC，以及遍布地球各个角落的各种各样的传感器，无一不是数据来源或者承载的方式，其中包括网络日志、RFID、传感器网络、社会网络、社会数据（由于数据革命的社会）、互联网文本和文件、互联网搜索索引、呼叫详细记录、天文学、大气科学、基因组学、生物地球化学、生物、其他复杂和/或跨学科的科研、军事侦察、医疗记录、摄影档案馆视频档案和大规模的电子商务等。

（四）弊端

大数据的拥护者看到了使用大数据的巨大潜力。但是，也有隐私倡导者担心，由于越来越多的人开始收集相关数据，无论他们是否会故意透露这些数据，都会在不知不觉中公布一些具体的数字细节。

分析这些巨大的数据集会使人们的预测能力产生虚假的信息，可能会导致人们做出许多重大和有害的错误决定。此外，数据可能被一些人或机构滥用，甚至自私地操纵议程达到他们想要的结果。

参考文献

[1]董洁. 计算机信息安全与人工智能应用研究[M]. 北京: 中国原子能出版社, 2022.

[2] 韩益亮. 信息安全导论 [M]. 西安：西安电子科学技术大学出版社，2022.

[3]张虹霞. 计算机网络安全与管理实践[M]. 西安: 西安电子科技大学出版社, 2022.

[4] 王广元，温丽云，李龙. 计算机信息技术与软件开发 [M]. 汕头：汕头大学出版社，2022.

[5] 张辉鹏. 网络信息安全与管理 [M]. 延吉：延边大学出版社，2022.

[6] 江楠. 计算机网络与信息安全 [M]. 天津：天津科学技术出版社，2021.

[7] 贺杰，何茂辉. 计算机网络 [M]. 武汉：华中师范大学出版社，2021.

[8]印润远, 彭灿华. 信息安全导论[M]. 2版. 北京: 中国铁道出版社有限公司, 2021.

[9] 李建华，陈秀真. 信息系统安全检测与风险评估 [M]. 北京：机械工业出版社，2021.

[10] 王红，张文华，胡恒基. 计算机基础 [M]. 北京：北京理工大学出版社，2021.

[11]季莹莹, 刘铭, 马敏燕. 计算机网络安全技术[M]. 汕头: 汕头大学出版社, 2021.

[12] 余萍，张继蕾. “互联网 +”时代计算机应用技术与信息化创新研究 [M]. 天津：天津科学技术出版社，2022.

[13] 聂军. 计算机导论 [M]. 北京：北京理工大学出版社，2021.

[14] 邵云蛟. 计算机信息与网络安全技术 [M]. 南京：河海大学出版社，

2020.

[15] 赵丽莉，云洁，王耀棱．计算机网络信息安全理论与创新研究 [M]．长春：吉林大学出版社，2020.

[16] 张靖．网络信息安全技术 [M]．北京：北京理工大学出版社，2020.

[17] 李环．计算机网络 [M]．北京：中国铁道出版社有限公司，2020.

[18] 初雪．计算机信息安全技术与工程实施 [M]．北京：中国原子能出版社，2019.

[19] 郭丽蓉，丁凌燕，魏利梅．计算机信息安全与网络技术应用 [M]．汕头：汕头大学出版社，2019.

[20] 付媛媛，王鑫．计算机信息网络安全研究 [M]．北京：北京工业大学出版社，2019.

[21] 王曦．计算机网络信息安全理论与创新研究 [M]．北京：中国商业出版社，2019.

[22] 温翠玲，王金嵩．计算机网络信息安全与防护策略研究 [M]．天津：天津科学技术出版社，2019.

[23] 李剑，杨军．计算机网络安全 [M]．北京：机械工业出版社，2020.

[24] 王海晖，葛杰，何小平．计算机网络安全 [M]．上海：上海交通大学出版社，2020.

[25] 张媛，贾晓霞．计算机网络安全与防御策略 [M]．天津：天津科学技术出版社，2019.

[26] 李晓华，张旭晖，任昌鸿．计算机信息技术应用实践 [M]．延吉：延边大学出版社，2019.

[27] 姚俊萍，黄美益，艾克拜尔江·买买提．计算机信息安全与网络技术应用 [M]．长春：吉林美术出版社，2018.

[28] 徐伟．计算机信息安全与网络技术应用 [M]．北京：中国三峡出版社，2018.

[29] 梁松柏．计算机网络信息安全管理 [M]．北京：九州出版社，2017.

[30] 汪宏伟．计算机应用基础及信息安全素养 [M]．南京：河海大学出版社，2018.